入选"教育部基础教育课程教材阅读指导目录"

WHAT IS LIFE
The Physical Aspect of the Living Cell
with
MIND AND MATTER

Erwin Schrödinger

生命是什么？
活细胞的物理观
（外一种：心灵与物质）

〔奥〕薛定谔 著

张卜天 译

Erwin Schrödinger
WHAT IS LIFE
The Physical Aspect of the Living Cell with
MIND AND MATTER
Cambridge University Press 1992
本书根据剑桥大学出版社 1992 年版译出

埃尔温·薛定谔（1887—1961）

目　　录

生命是什么？
——活细胞的物理观

前言（彭罗斯）……………………………………… 3
序言 ………………………………………………… 5

第一章　经典物理学家对这一主题的探讨 …………… 7
  1. 研究的一般性质和目的 ……………………………… 7
  2. 统计物理学。结构上的根本差别 …………………… 8
  3. 素朴物理学家对这一主题的探讨 …………………… 10
  4. 为什么原子如此之小？ ……………………………… 10
  5. 有机体的运作需要精确的物理定律 ………………… 13
  6. 物理定律基于原子统计学，因而只是近似的 ……… 14
  7. 它们的精确性基于大量原子的介入。
       第一个例子（顺磁性）………………………………… 15
  8. 第二个例子（布朗运动，扩散）…………………… 17
  9. 第三个例子（测量准确性的限度）………………… 20
  10. $\sqrt{n}$ 律 ……………………………………………… 21

第二章　遗传机制 … 23

11. 经典物理学家的绝非平凡的预期是错误的 … 23
12. 遗传密码本（染色体） … 25
13. 身体通过细胞分裂（有丝分裂）而生长 … 26
14. 在有丝分裂中每一个染色体都被复制 … 27
15. 减数分裂和受精（配子配合） … 28
16. 单倍体个体 … 29
17. 减数分裂的显著关联 … 30
18. 交换。特性的定位 … 31
19. 基因的最大尺寸 … 34
20. 小数目 … 35
21. 持久性 … 36

第三章　突变 … 37

22. "跳跃式"的突变——自然选择的工作场地 … 37
23. 它们繁育一模一样的后代，即它们被完全遗传下来 … 39
24. 定位。隐性和显性 … 40
25. 介绍一些术语 … 43
26. 近亲繁殖的有害效应 … 44
27. 一般的和历史的评述 … 45
28. 突变作为一种罕有事件的必要性 … 46
29. X射线诱发的突变 … 47
30. 第一法则。突变是单一事件 … 48
31. 第二法则。事件的局域化 … 49

第四章　量子力学的证据 ………………………… 52

- 32. 经典物理学无法解释的持久性……………………… 52
- 33. 可以用量子论来解释………………………………… 53
- 34. 量子论——不连续状态——量子跃迁 …………… 54
- 35. 分子…………………………………………………… 56
- 36. 分子的稳定性依赖于温度…………………………… 56
- 37. 数学插曲……………………………………………… 57
- 38. 第一项修正…………………………………………… 58
- 39. 第二项修正…………………………………………… 59

第五章　对德尔布吕克模型的讨论和检验 …………… 62

- 40. 对遗传物质的一般描述……………………………… 62
- 41. 这种描述的独特性…………………………………… 63
- 42. 一些传统的错误观念………………………………… 64
- 43. 物质的不同的"态"………………………………… 65
- 44. 真正重要的区别……………………………………… 66
- 45. 非周期性固体………………………………………… 67
- 46. 压缩在微型密码中的丰富内容……………………… 67
- 47. 与事实作比较：稳定程度；突变的不连续性 ……… 69
- 48. 自然选择的基因的稳定性…………………………… 70
- 49. 突变体有时较低的稳定性…………………………… 71
- 50. 温度对不稳定基因的影响小于对稳定基因的影响 …… 71
- 51. X射线是如何产生突变的…………………………… 72
- 52. X射线的效率并不依赖于自发突变性……………… 73
- 53. 回复突变……………………………………………… 73

第六章　有序、无序和熵 ·················· 75
54. 从模型得出的一个值得注意的一般结论 ········· 75
55. 基于秩序的秩序 ···················· 76
56. 生命物质避免了向平衡衰退 ············· 77
57. 以"负熵"为生 ··················· 78
58. 熵是什么? ······················ 79
59. 熵的统计学意义 ···················· 80
60. 从环境中吸取"秩序"来维持组织 ·········· 81

第七章　生命以物理定律为基础吗? ········· 84
61. 有机体可望有新的定律 ················ 84
62. 评述生物学状况 ···················· 85
63. 综述物理学状况 ···················· 86
64. 明显的对比 ······················ 87
65. 产生有序的两种方式 ················· 88
66. 新原理并不违反物理学 ················ 89
67. 时钟的运动 ······················ 90
68. 钟表装置终究是统计学的 ··············· 92
69. 能斯特定理 ······················ 92
70. 摆钟实际上是在零度 ················· 93
71. 钟表装置与有机体之间的关系 ············ 94

后记：决定论与自由意志 ················ 95

目录

心灵与物质

第一章　意识的物理基础 …………………………… 103
　　　　问题 ……………………………………………… 103
　　　　一个尝试性的回答 ……………………………… 105
　　　　道德规范 ………………………………………… 109
第二章　理解的未来 ………………………………… 114
　　　　一条生物学上的死胡同？ ……………………… 114
　　　　达尔文主义似乎令人沮丧的看法 ……………… 116
　　　　行为影响选择 …………………………………… 118
　　　　伪拉马克主义 …………………………………… 121
　　　　对习性和技能的遗传固定 ……………………… 123
　　　　智力演化的危险 ………………………………… 125
第三章　客观化原则 ………………………………… 129
第四章　算术悖论：心灵的同一性 ………………… 142
第五章　科学与宗教 ………………………………… 156
第六章　感觉性质的奥秘 …………………………… 170

译后记 …………………………………………………… 182

生命是什么？
——活细胞的物理观

1943年2月在都柏林三一学院所作的演讲,都柏林高等研究院赞助。

献给我的父亲母亲

前　言

20世纪50年代初，我还是一个学数学的年轻学生。那时我读的书并不很多，但我的确读了埃尔温·薛定谔（Erwin Schrödinger）的一些著作，至少是读完了这本书。我一直觉得他的著作很能激发兴趣，其发现令人振奋，使我们对生活于其中的这个神秘世界有了某种全新的认识。在他的著作中，短篇经典《生命是什么？》无疑最具有这种品质。如今我意识到，这本书必定属于20世纪最有影响的科学著作之列。它是一位物理学家的有力尝试，试图理解真正的生命奥秘，他的深刻洞见已经在很大程度上改变了我们对世界组成的理解。这本书的交叉科学范围之广在当时是罕见的，但它的写作亲切、轻松而又谦逊，使得非专业人士和有志于成为科学家的年轻人也可以读懂。事实上，在生物学领域做出过重要贡献的许多科学家，比如霍尔丹（J. B. S. Haldane）和克里克（Francis Crick），都承认受到过这位极为原创和思想深刻的物理学家在书中提出的诸多观念的影响，尽管他们并不总是完全同意这些观念。

就像对人类思维产生过重大影响的许多著作一样，本书也提出了一些一旦理解、其真理性就几乎显得自明的观点；但这些观点仍然被许多本应有更深认识的人所忽视。我们不是经常听到"量子效应与生物学研究没有多大关系",或者"我们吃东西是为了获取能量"这样的说法吗?这表明,薛定谔的《生命是什么?》今天仍然与我们有关。它的确值得一读再读!

罗杰·彭罗斯(Roger Penrose)
1991年8月9日

序　言

　　人们通常认为，科学家对某些学科拥有全面而深入的一手知识，因此他不会就他并不精通的论题去著书立说。这就是所谓的位高则任重（*noblesse oblige*）。可是，为了目前这本书的写作，如果我有什么高位的话，我恳请放弃它，从而免去随之而来的重任。我的理由如下：

　　我们从祖先那里继承了对于统一的、无所不包的知识的强烈渴望。被赋予最高学府的名称［即 university］① 使我们想到，从古至今数千年，只有普遍性才是最受称赞的方面。然而近一百多年来，知识的各种分支在广度和深度上的扩展却使我们面临一种奇特的困境。我们清楚地感觉到，要把所有已知的东西融合成一个整体，我们现在才刚刚开始获得可靠的材料；但另一方面，一个人要想充分掌握比一个狭小的专门领域更多的知识，已经变得几乎不可能了。

　　要想摆脱这种困境（以免永远无法实现我们真正的目标），我认为唯一的出路是：我们当中某些人敢于对这些事实和理论进行综合，即使只有不完备的二手知识——并且冒着干出傻事

---

① university，来自拉丁语 *universitas*，字面意思是"普遍的"。——译者

的危险。

我的辩解就到这里。

语言的障碍是不容忽视的。一个人的母语就像一件合身的衣服,如果手头没有而不得不另找一件来代替,他不可能感到很舒服。我要感谢英克斯特(Inkster)博士(都柏林三一学院)、帕德里克·布朗(Padraig Browne)博士(梅努斯圣帕特里克学院)以及罗伯茨(S. C. Roberts)先生。他们费了很大气力使这件新衣服适合我的身材,而我有时不愿放弃自己"独创"的式样,以致给他们增添了更大的麻烦。倘若经过我这些朋友的努力,书中仍然留有一些"独创"样式的痕迹,那么责任在我而不在他们。

许多节的标题本来是想作为页边摘要的,每一章的正文应当连贯地读下去。

E. 薛定谔
都柏林
1944 年 9 月

自由的人绝少思虑到死;他的智慧不是对死的默念,而是对生的沉思。

——斯宾诺莎:《伦理学》,第四部分,命题 67

第一章 经典物理学家对这一主题的探讨

> 我思故我在。　　　　——笛卡儿

1. 研究的一般性质和目的

这本小书源于一位理论物理学家为大约 400 名听众所做的一次公众讲演。虽然我们从一开始就提醒说这个主题很难懂，而且即使几乎没有使用物理学家最让人畏惧的数学演绎这个武器，讲演也不可能很通俗，但听众基本上没有减少。之所以如此，并不是因为这个主题简单得不用数学就可以解释清楚，而是因为问题过于复杂，以致不能完全用数学来处理。讲演至少听起来还比较通俗，这是因为讲演者试图把盘桓于生物学和物理学之间的基本观念向生物学家讲清楚。

实际上，尽管涉及的论题多种多样，但整本书只是要表达一种想法——对一个重大问题的一点评论。为了不迷失方向，我们不妨先把计划很简要地概述一下。

这个讨论得很多的重大问题是：

在一个生命有机体的空间界限内发生的时空中的事件，如何用物理学和化学来解释？

这本小书力图阐述和确立的初步回答可以概括如下：

当前的物理学和化学显然无法解释这些事件，但我们并不能因此而怀疑这些事件可以用物理学和化学来解释。

2. 统计物理学。结构上的根本差别

如果它只是为了激起未来获得成功的希望，那么这样说也未免太平凡了。它有着更为积极的意义，那就是，迄今为止物理学和化学的这种无能为力已经得到了充分说明。

今天，由于生物学家、主要是遗传学家在最近三四十年里所做的创造性工作，我们对有机体的实际物质结构及其机能已经了解很多，这些知识足以说明并且是精确地说明，当前的物理学和化学为什么还不能解释生命有机体内部在时空中发生的事件。

一个有机体最具活性部分的原子的排列以及这些排列的相互作用，与迄今为止被物理学家和化学家当作实验和理论研究对象的所有那些原子排列都有根本的差别。然而，除了深信物理学和化学定律完全是统计学定律的那些物理学家之外，别人也许会认为我方才所说的那种根本差别是无足轻重的。[①]这是因为，认为生命有机体活性部分的结构迥异于物理学家和化学家在实验室或书桌旁用体力或脑力处理的任何一块物质的结构，这与

[①] 这种说法可能显得有些过于笼统。对它的讨论要到本书的第 67 和 68 节。

统计学的观点有关。① 要把如此发现的定律和规则直接应用于系统的行为，而该系统又不表现出那些定律和规则所基于的结构，这几乎是难以想象的。

我们甚至不能指望非物理学家能够理解我方才用非常抽象的术语所表述的"统计结构"上的差别，更不要说去理解这种差别的重大意义了。为使陈述更为生动有趣，我先把后面要详细说明的内容提前讲一下，即活细胞最重要的部分——染色体纤丝——可以被恰当地称为非周期性晶体。迄今为止，我们在物理学中只处理过周期性晶体。在一位谦卑的物理学家看来，周期性晶体已经非常有趣和复杂了；它们构成了最有吸引力和最复杂的物质结构之一，由于这些结构，无生命的自然已经使物理学家费尽心思了。然而与非周期性晶体相比，它是相当简单和乏味的。两者在结构上的差别就如同一张是反复出现同一种图案的普通壁纸，另一幅则是技艺精湛的刺绣，比如一条拉斐尔挂毯，它显示的绝非单调的重复，而是那位大师绘制的一幅精致的、有条理的、富含意义的图案。

在把周期性晶体称为他所研究的最复杂的对象之一时，我想到的是严格意义上的物理学家。事实上，有机化学在研究越来越复杂的分子时，已经十分接近那种"非周期性晶体"了，在我看来，那正是生命的物质载体。因此，有机化学家对生命问题已

---

① F. G. Donnan 在两篇颇具启发性的论文中强调了这种观点，见 *Scientia*, xxiv, no. 78（1918），10（'La science physico-chimique décrit-elle d'une façon adéquate les phénomènes biologiques?'）; *Smithsonian Report for* 1929, p. 309（'The mystery of life'）。

经做出了重大贡献,而物理学家则几乎无所作为,这不足为奇。

3. 素朴物理学家对这一主题的探讨

我已经非常简要地说明了我们研究的一般想法,或者毋宁说是最终的范围,现在我来谈谈研究思路。

我打算首先提出或可称为"一个素朴物理学家对有机体的看法",也就是这样一位物理学家可能想到的那些观点,他在学习了物理学特别是物理学的统计基础之后,开始思考有机体及其行为和运作方式。他认真地问自己:根据他之所学,根据其相对简单、清楚和谦卑的科学观点,他能否为这个问题做出一些适当的贡献?

事实证明,他是能够做出贡献的。接下来他便把理论预见与生物学事实作比较。结果将表明,他的观点大体上是合理的,但需要作一些修正。这样一来,我们将逐渐接近正确的观点,或者更谦虚地说,将逐渐接近我认为正确的观点。

即使我在这一点上是正确的,我也不知道我的道路是否最佳和最简单。不过,这毕竟是我的道路。这位"素朴物理学家"就是我自己。除了我自己的这条曲折道路以外,我找不到通往这个目标的更好或更清楚的路。

4. 为什么原子如此之小?

为了阐明"素朴物理学家的看法",我们不妨从一个古怪

第一章　经典物理学家对这一主题的探讨

的、近乎荒谬的问题开始讲起：为什么原子如此之小？首先，它们确实很小。日常生活中碰到的每一小块物质都含有大量原子。为使听众理解这个事实，人们设计了许多例子，但给人印象最深的莫过于开尔文勋爵（Lord Kelvin）使用的一个例子：假定你能给一杯水中的分子做上标记，再把这杯水倒入海洋，然后彻底加以搅拌，使有标记的分子均匀地分布于七大洋；然后，如果你从海洋中任何地方舀出一杯水来，你将发现这杯水中大约有 100 个你所标记的分子。①

原子的实际尺寸② 约为黄光波长的 1/5000 到 1/2000 之间。这一比较是有意义的，因为此波长大致给出了在显微镜下仍能辨认的最小颗粒的大小。即使是这么小的颗粒也含有几十亿个原子。

那么，为什么原子如此之小呢？

显然，这个问题是一种回避，因为我们的实际目的并非原子的大小。我们关心的是有机体的大小，特别是我们自己身体的大小。当我们以日常的长度单位，比如码或米作为量度时，原子确实是很小的。在原子物理学中，人们通常使用所谓的埃（简写为 Å），即 1 米的 10^{10} 分之一，或 0.000 000 000 1 米。原子的直径在

---

①　当然，你不会正好找到 100 个（即使是精确的计算结果）。你可能找到 88 个、95 个、107 个或 112 个，但几乎不会少到只有 50 个或多达 150 个。"偏差"或"涨落"的预期大约是 100 的平方根，即 10 个。统计学家这样来表达的：你将找到 100 ± 10 个。这一点我们暂时不谈，后面还会提到，它为统计学的 $\sqrt{n}$ 律提供了一个例子。

②　根据目前的看法，原子是没有明确界限的，因此原子的"尺寸"并不是一个明确定义的概念。不过我们可以根据固体或液体内原子中心之间的距离来确认它（或者如果你愿意，来替换它）——当然，不是在气态，因为在常温常压下，气态中的这个距离几乎要大 10 倍。

1Å 到 2Å 之间。这些日常单位（与它相比，原子非常之小）与我们身体的大小密切相关。有一个故事说，码来源于一个英国国王的幽默。大臣们问他采用什么单位，他把手臂往旁边一伸说："取我胸部中央到手指尖的距离就可以了。"不论是真是假，这个故事对我们来说很重要。这个国王自然会指出一个适合与他自己身体相比的长度，他知道其他任何长度都会很不方便。尽管物理学家偏爱埃这个单位，但在做一件新衣服时，他宁愿被告知这件衣服需用 6 码半布呢，而不是 650 亿埃布呢？

既已确定我们问题的真正目的在于两种长度——我们身体的长度和原子的长度——之比，而原子的独立存在具有无可争议的优先性，于是这个问题实际上应当理解为：同原子相比，我们的身体为什么一定要这么大？

可以想象，许多头脑敏锐的人在学习物理学或化学时会对以下事实感到遗憾：感觉器官构成了我们身体上比较重要的部分，因而（从上述比例大小来看）是由无数原子构成的，但我们的每一个感觉器官都过于粗糙，无法被单个原子的碰撞所影响，单个原子我们是看不到、听不到也感受不到的。我们关于原子的假说与我们粗大迟钝的感官所直接发现的东西极为不同，而且也不能通过直接观察来检验。

一定是这样的吗？是否有内在的原因可以解释？为了查明和理解为什么感官不合乎自然界的这些定律，我们能否把这一事态追溯到某种第一原理呢？

这一次，物理学家能够完全弄清楚这个问题了。对所有提问的回答都是肯定的。

5. 有机体的运作需要精确的物理定律

如果情况不是这样，如果我们的有机体非常敏感，以至于单个原子或者哪怕是几个原子也能给我们的感官造成一种可知觉的印象——天哪，那生命将是什么样子？有一点需要强调：几乎可以肯定，那种有机体不可能发展出一种有秩序的思想，使这种思想在经历一连串早期阶段之后，能够最终形成原子的观念和其他许多观念。

尽管我们选择了这一点来谈，但下面一些考虑本质上也适用于大脑和感觉系统以外各个器官的运作。然而最让我们对自身感兴趣的是，我们在感觉、思维和知觉。对于负责思想和感觉的生理过程来说，大脑和感觉系统以外的所有其他器官只能起辅助作用，至少从人的观点看是如此，即使不是从纯客观的生物学观点来看。此外，这将大大方便我们去挑选那些密切伴随主观事件的过程来研究，尽管我们对这种密切伴随的真正本性一无所知。事实上在我看来，它超出了自然科学的范围，而且很可能完全超出了人的理解。

于是，我们面临着以下问题：像我们的大脑这样的器官以及附属于它的感觉系统，为使其物理变化状态密切对应于一种高度发达的思想，为什么必须由大量原子所构成呢？上述器官（作为一个整体或者它直接与环境相互作用的某些外围部分）所实现的任务，较之于一台精致和灵敏到足以反映并记录外界单个原子碰撞的机械装置，基于什么理由说它们是不一致的呢？

理由是，我们所说的思想（1）本身是一种有序的东西，（2）只能应用于在一定程度上有序的材料，即知觉或经验。这有两个推论。首先，一个身体组织，要想与思想密切对应（比如我的大脑与我的思想密切对应），就必须是一种非常有序的组织，这意味着在它内部发生的事件必须遵循严格的物理定律，至少要达到很高程度的准确性。其次，外界其他物体对那个物理上组织得很好的系统所造成的物理印象（显然对应于相应思想的知觉和经验），构成了我所说的思想材料。因此一般来说，我们的系统与别人的系统之间的物理相互作用本身具有某种程度的物理秩序，也就是说，它们也必须遵循严格的物理定律并达到一定程度的准确性。

6. 物理定律基于原子统计学，因而只是近似的

仅由少量原子构成并且已经可以对一个或几个原子的碰撞做出反应的有机体，为什么无法实现这一切呢？

因为我们知道，所有原子每时每刻都在作完全无序的热运动，可以说，这种运动破坏了它们的有序行为，使发生在少量原子之间的事件不能按照任何可认识的定律表现出来。只有在大量原子的合作中，统计学定律才开始影响和控制这些集合体的行为，其准确性随着原子数目的增加而增加。诸事件正是以这种方式获得了真正有序的特征。在生命有机体中起重要作用的所有已知的物理学和化学定律都是这种统计学定律；我们所能想

到的任何其他种类的规律性和秩序总是被原子不停的热运动所扰乱，或是变得不起作用。

7. 它们的精确性基于大量原子的介入。第一个例子（顺磁性）

我想用几个例子来说明这一点。这是从数千个例子中随便举出的几个，对于初次了解这种状况的读者来说，它们不一定是最吸引人的。这种状况在现代物理学和化学很基本，就像"有机体由细胞组成"在生物学中，牛顿定律在天文学中，甚至是整数序列1，2，3，4，5……在数学中一样基本。不能指望一个初学者读了以下几页就能完全理解和领会这一主题，该主题是与路德维希·玻尔兹曼（Ludwig Boltzmann）和威拉德·吉布斯（Willard Gibbs）的威名联系在一起的，在教科书中被称为"统计热力学"。

如果你给一个长方形的水晶管里充满氧气，把它放入一个磁场，你会发现气体被磁化了。磁化是因为氧分子是一些小磁体，有像罗盘针一样与磁场平行的倾向。但千万不要认为它们全都转向了平行。因为如果你把磁场加倍，那么氧气中的磁化也会加倍，磁化随着你使用的场强而增加，这种成比例的增加可以达到极高的场强。

这是纯粹统计学定律的一个特别清楚的例子。磁场倾向于产生的指向不断遭到随机指向的热运动的对抗。实际上，这种斗争的结果只是使偶极轴与场之间的锐角比钝角稍占优势。虽然

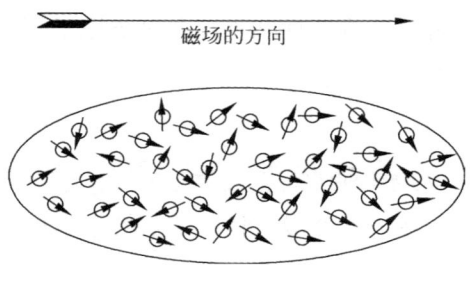

图 1 顺磁性

单个原子在不断改变其指向,但平均来看(由于它们数目极多),一种沿着场的方向并与之成比例的指向稍占优势。这一别出心裁的解释是法国物理学家郎之万(P. Langevin)提出的。它可以通过以下方式来检验。如果观察到的弱磁化的确源于相互对抗的倾向,也就是说,源于旨在把所有分子梳理平行的磁场与有利于随机指向的热运动之间的对抗,那么就应该可以通过减弱热运动来增强磁化,即通过降低温度而不是加强磁场。实验已经证明了这一点,实验结果是磁化与绝对温度成反比,这与理论(居里定律)在定量上是相符的。我们甚至能够凭借现代设备,通过降低温度而把热运动减到很小,以至于能够显示出磁场的定向趋势,即使不是完全显示,至少也足以产生相当一部分的"完全磁化"。在这种情况下,我们不再指望场强加倍会使磁化加倍,而是随着场的增强,磁化的增强会越来越少,接近于所谓的"饱和"。这个预期也被实验定量地证实了。

需要注意的是,这一行为完全依赖于合作产生可观察磁化的分子的巨大数目。否则,磁化根本不会是恒定的,而将时时刻刻不规则地涨落,成为热运动与场之间对抗消长的见证。

8. 第二个例子（布朗运动，扩散）

如果你用由微滴组成的雾充满一个密封玻璃容器的底部，你会发现雾的上边界在以一定的速度逐渐沉降，该速度取决于空气的黏性以及微滴的大小和比重。然而，如果你在显微镜下观察一粒微滴，你会发现它并非一直以恒定的速度沉降，而是在作一种非常不规则的运动，即所谓的布朗运动，只有平均来看，这种运动才相当于一种规则的沉降。

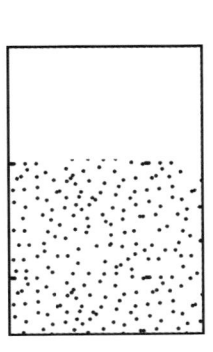 

图2　沉降的雾　　　　图3　下沉微滴的布朗运动

这些微滴并不是原子，但它们足够小和轻，对于持续碰撞其表面的单个分子的碰撞并非完全没有反应。它们就这样被撞来撞去，只有平均来看才服从重力的影响。

这个例子表明，假如我们的感官也能感受到只有几个分子的碰撞，我们的经验将会多么有趣和混乱啊。细菌和其他一些有机体是如此之小，定会受到这种现象的强烈影响。它们的运动取决于周围环境中热的倏忽变动，它们自己没有选择的余地。它们若自己有动力，是有可能从一处成功移到另一处的——但会有些困难，因为它们被热运动颠簸着，宛如汹涌大海中的一叶小舟。

与布朗运动非常类似的一种现象是扩散现象。在一个盛满液体比如水的容器中溶解少量有色物质，比如高锰酸钾，使其浓度不完全均匀，如图 4 所示，其中的小点表示溶质（高锰酸钾）分子，其浓度从左到右递减。如果不去管这个系统，那么就开始了非常缓慢的"扩散"过程。高锰酸钾将从左到右即从高浓度处向低浓度处扩散，直到均匀分布于水中。

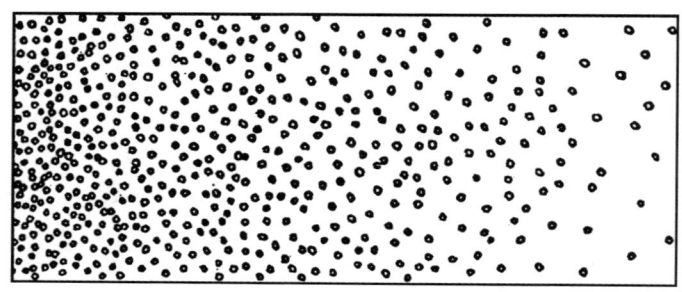

图 4　在浓度不均匀的溶液中从左到右扩散

关于这个相当简单的、显然并不特别有趣的过程，引人注目的是，就像一个国家的人口分散到有更多活动空间的地区那样，驱使高锰酸钾分子从稠密区域走向稀疏区域的绝不像有人可能想象的那样，是由于某种倾向或力。我们的高锰酸钾分子根本没有发生那样的事情。每一个高锰酸钾分子都完全独立于所有其他高锰酸钾分子而行动,并且很少相碰。然而,每一个高锰酸钾分子,无论在稠密区域还是空旷区域,都会经受同样的命运,即不断受到水分子的碰撞,从而沿着一个不可预测的方向逐渐向前移动——有时朝高浓度方向,有时朝低浓度方向,有时则是斜着移动。它的这种运动常与蒙住眼睛的人的运动作类比。这个人站在地面上,充满了某种"行走"的欲望,但并不偏爱任何特定的方向,因此会不断变换路线。

所有高锰酸钾分子都是这样随机行走,却产生了一种朝着低浓度方向的规则流动,最后走向均匀分布。初看起来,这着实令人困惑——但仅仅是初看起来而已。如果你把图4想象为一层层浓度几乎恒定的薄片,那么某一时刻某一薄片所含的高锰酸钾分子,由于其随机行走,确实会以相等的概率被带到右边或左边。但正是由于这一点,通过分隔两层相邻薄片的平面的分子,来自左边的要多于来自右边的,这只是因为左边比右边有更多的分子在随机行走。只要是这种情况,均衡状态将表现为一种从左到右的规则流动,直至达到均匀分布。

如果把这些想法转换成数学语言,那么精确的扩散定律可以表示为偏微分方程:

$$\frac{\partial \rho}{\partial t} = D \nabla^2 \rho$$

我不打算解释这个方程式来麻烦读者,虽然它的含义用日常语言来说也是很简单的。① 这里之所以提到"数学上精确的"严格

---

① 也就是说,任何一点的浓度都按一定的时间率而增加(或减小),这一时间率与该点无限小邻域内浓度的相对增加(或减小)成正比。顺便说一句,热传导定律的形式与此完全相同,只需用"温度"代替"浓度"。

定律，是为了强调其物理上的精确性在每一项具体应用上必定还会受到挑战。由于建立在纯粹运气的基础上，所以它的有效性只是近似的。一般来说，如果它是一个很好的近似，那只是因为在扩散现象中有无数分子的合作。我们必须预料到，分子的数目越小，偶然的偏差就越大——如果条件合适，这些偏差是可以观察到的。

9. 第三个例子（测量准确性的限度）

我要举的最后一个例子与第二个例子类似，但有着特殊的意义。用细长纤丝把一个轻物体悬挂起来，使其保持平衡指向，并用电力、磁力或引力使之围绕垂直轴发生扭转，物理学家常用这种方法来测量使它偏离平衡位置的微弱的力（当然，必须视具体目的而恰当选用这种轻物体）。在不断努力改进这种常用的"扭力天平"的准确度时，我们碰到了一个奇特的极限，它本身非常有趣。选用越来越轻的物体和更细更长的纤丝（以使天平能对越来越弱的力做出反应），当悬挂物体明显感受到周围分子热运动的冲击，而在其平衡位置周围像第二个例子中微滴的颤动那样开始持续作一种不规则"舞蹈"时，极限就达到了。虽然这种行为并没有为天平的测量准确性设置绝对极限，但却设置了一个实际的极限。热运动的不可控效应与待测力的效应相互竞争，使观察到的单个偏离失去了意义。为了消除仪器布朗运动的影响，你必须作多次观察。我认为在我们目前的研究中，这个例子特别有启发性。因为我们的感觉器官毕竟是一种仪器。如果它变得太灵敏，我们可以看到它会多么无用。

10. $\sqrt{n}$ 律

例子就举这么多。我只想再补充一点，适合有机体内部或者有机体与环境相互作用的那些物理学或化学定律，都可以用来做例子。详细解释也许要更为复杂，但要点总是一样的，因此再进行描述会变得单调乏味。

不过，关于任何物理定律都会有的不准确度，我想补充一点非常重要的定量说明，即所谓的 $\sqrt{n}$ 律。我先用一个简单例子来说明，然后再进行概括。

如果我告诉你，某种气体在一定的压力和温度下有一定的密度，或者换一种说法，在这些条件下，在一定体积内（体积大小适合实验需要）正好有 n 个气体分子，那么你可以确信，若能在某一特定时刻检验我的说法，你将会发现它是不准确的，偏差大约为 $\sqrt{n}$。因此，如果数目 $n = 100$，你会发现偏差大约为 10，于是相对误差 = 10%。而如果 $n=1\,000\,000$，那么你很可能会发现偏差约为 1000，于是相对误差 = 0.1%。粗略地说，这个统计学定律是很普遍的。物理定律和物理化学定律的不准确性在 $1/\sqrt{n}$ 这一可能的相对误差之内，其中 n 是合作使该定律生效——在某些重要的空间或时间（或两者的）区域内，使该定律对某些想法或某个特殊实验生效——的分子数目。

由此我们又一次看到，为使其内部生命及其与外部世界的相互作用都能服从较为精确的定律，有机体必须有一个较为巨大的结构。否则,进行合作的粒子数目就太少了,"定律"也就太不准确了。特别苛刻的要求是平方根。因为虽然100万是一个相当大的数目,但由于准确度只有千分之一,这对于一条"自然定律"来说还不够好。

第二章　遗传机制

存在是永恒的；
因为有许多法则保存了生命的宝藏，
而宇宙用这些宝藏装饰了自己。

——歌德

11. 经典物理学家的绝非平凡的预期是错误的

　　于是我们得出结论，有机体和它所经历的与生物学相关的全部过程，必须有一种极"多原子的"结构，必须防止偶然的"单原子"事件起到太重要的作用。"素朴物理学家"告诉我们这是必不可少的，这样有机体才能拥有足够准确的物理定律，并依照这些定律实现其非常规则和有序的运作。从生物学上说，这些先验得出的（也就是从纯物理的角度得出的）结论如何来符合实际的生物学事实呢？

　　初看起来，人们往往认为这些结论很平凡，比如生物学家在30年前也许已经讲过这一点了。虽然一个通俗讲演者强调统计物理学对于有机体和对于其他方面同样重要是很合适的，但这一点其实是人所共知和不言而喻的。因为很自然地，任何高等生物的成年个体，不仅它的身体，而且组成它的每一个细胞都包含着"天文数字"的各种单原子。我们观察到的每一个特定的生理过程，无论在细胞内还是在细胞与周围环境的相互作用中，似乎都——或者30年前看起来是这样——包含了如此众多的单原子和单原子过程，以至于即使按照统计物理学对于"大量数目"的严格要求（我方才用 $\sqrt{n}$ 律说明了这种要求），也能保证物理学和物理化学所有相关定律的有效性。

今天我们知道，这种观点是错误的。我们很快就会看到，有许多小得不可思议的原子团，小到无法显示精确的统计学定律，然而在生命有机体内部，它们对于非常有序和有规律的事件确实起着支配作用。它们控制着有机体在发育过程中获得的可观察的宏观性状，决定着有机体功能的重要特征；在所有这些情况下，都显示了非常明显和严格的生物学定律。

我必须先来简要概述一下生物学特别是遗传学的状况；换句话说，对于我并不精通的这门学科，我必须对其目前的知识状态作一概述。这是没有办法的事，我要为我的外行话特别对生物学家表示抱歉。另一方面，请允许我带着某种教条性向你们介绍流行的观点。不能指望一个拙劣的理论物理学家能对实验证据做任何出色的考察，这些实验证据一方面来自长期积累的、美妙交织在一起的大量繁育试验，另一方面则来自最精密的现代显微镜技术对活细胞的直接观察。

12. 遗传密码本（染色体）

我在生物学家所谓"四维模式"的意义上使用有机体的"模式"这个词，它不仅指成年有机体或任何其他阶段有机体的结构和功能，而且指有机体开始繁殖自身时，从受精卵到成年阶段的个体发育全过程。现在我们知道，整个四维模式都是由一个细胞即受精卵的结构决定的。我们还知道，它本质上只是由受精卵的一小部分即细胞核的结构所决定的。在细胞的正常"休止期"内，这个细胞核通常显示为网状染色质，[①] 分散在细胞内。但在极为重要的细胞分裂（有丝分裂和减数分裂，见下文）过程中，可以看到它由一组通常呈纤维状或棒状的被称为染色体的颗粒所组成，其数目是8个或12个，人是48个。[②] 但我其实应该把这些数目写成2×4，2×6，……，2×24，……，并且按照生物学家惯常意义上的表述，把它称为两套染色体。因为虽然单个染色体有时可以从它的形状和大小清楚地加以区分和辨认，但这里的两套染色体几乎完全相同。我们很快就会看到，其中一套来自母体（卵细胞），另一套来自父体（精子）。正是这些染色体，或者我们在显微镜下看到的染色体的一种轴状骨架纤丝，把个体的未来发育及其成年期机能的全部模式都包含在某种密码本中。每一整套染色体都包含有全部密码；因此一般而言，构成

---

① 这个词的意思是"呈现颜色的物质"，也就是说，在显微技术使用的某种染色过程中，这种物质是呈现颜色的。

② 现已证明人的染色体是46条或23对。——译者

未来个体最初阶段的受精卵里包含有密码的两个副本。

在把染色体纤丝的结构称为密码本时,我们的意思是说,拉普拉斯曾经设想的那个直接了然所有因果关系、洞悉一切的心智,根据卵的结构就能告诉你,在适当条件下这个卵将发育成一只黑公鸡还是一只芦花母鸡,是长成一只苍蝇还是一棵玉米、一株石南、一只甲虫、一只老鼠或是一个女人。我们还可以再补充一点,那就是卵细胞的外观往往很相似;即使不相似,比如鸟类和爬行动物的卵比较巨大,相关结构上的差别也不像其中营养物质的显而易见的差别那么大。

当然,"密码本"一词太狭窄了。因为染色体结构同时也有助于促进它们所预示的卵细胞的发育。它是法典与行政权力的统一,或者用另一个比喻来说,是建筑师的设计与建筑工人的技艺的统一。

13. 身体通过细胞分裂(有丝分裂)而生长

在个体发育①中,染色体是如何行为的呢?

有机体的生长是由连续的细胞分裂所引起的。这样的细胞分裂被称为有丝分裂。考虑到我们的身体是由大量细胞组成的,所以在一个细胞的生命中,有丝分裂并不像有人想象的那样是经常发生的事件。开始时生长是很快的。卵细胞分裂成两个"子细胞"(daughter cells),下一步产生4个细胞,然后是8,16,

---

① 个体发育是指个体在其一生中的发育,与地质年代中物种的系统发育相对立。

32，64，……等等。正在生长的身体的各个部分中，分裂频率并非完全相同，那会破坏这些数目的规则性。我们通过简单的计算便可推出，平均只需 50 或 60 次的连续分裂，便足以产生一个成人的细胞数——如果把一生中细胞的更替也考虑进去，那么就是这个数目的 10 倍。① 所以平均说来，我的一个体细胞仅仅是我所是的那个卵细胞的第 50 代或第 60 代"后代"。

14. 在有丝分裂中每一个染色体都被复制

在有丝分裂中，染色体是如何行为的呢？它们被复制了——两套染色体和两个密码副本都被复制了。人们已经在显微镜下对这个非常有趣的过程做了认真研究，但它过于复杂，这里无法详细描述。要点是，两个"子细胞"中的每一个都得到了与亲细胞完全相似的另外两套完整的染色体。因此，所有体细胞都有完全一样的染色体。②

无论我们对这种机制了解多少，我们也不能不认为，它一定通过某种方式与有机体的机能密切相关，因为每一个单细胞，甚至是不太重要的单细胞，都拥有密码本的全套（两份）副本。不久前，我们在报上看到，蒙哥马利将军在非洲战役中要求把他的全部作战计划详细告知他麾下的每一位士兵。假如事实真是如此（考虑到他的部队智能化水平高而且可以信赖，可以设想这是真的），这就为我们的例子提供了一个绝妙的类比，在这个

---

① 约为 10^{14} 个或 10^{15} 个。
② 请生物学家原谅，我在这个简短的概述中没有考虑嵌合体的例外情形。

类比中,每一位士兵就相当于一个细胞。最令人惊异的事实是,在整个有丝分裂中,两套染色体始终保持着。这是遗传机制的突出特征,对这一规则的唯一偏离最清楚地揭示了这一点。我们现在就来讨论这种偏离。

15. 减数分裂和受精(配子配合)

个体开始发育之后不久,有一些细胞保留着,以便在发育后期产生出成年个体繁殖所需的所谓配子,至于是精细胞还是卵细胞,则要视情况而定。"保留"是指它们在这一时期不用于其他目的,也只发生很少几次有丝分裂。还有一种例外的分裂方式被称为减数分裂,就是在成年阶段,这些保留细胞通过减数分裂最后产生了配子,一般只是在配子配合发生以前的很短时间内才有这种分裂。在减数分裂中,亲细胞的两套染色体径直分成两组,每一组染色体进入一个子细胞,就是进入了配子。换句话说,像有丝分裂那样染色体数目的加倍并不发生于减数分裂,染色体的数目是保持不变的,因此每一个配子只收到一半,也就是说,密码的完整副本只有一个而不是两个,例如人只有 24 个,而不是 $2\times24 = 48$ 个。

只有一组染色体的细胞被称为"单倍体"(haploid,源自希腊词 ἁπλοῦς,意为"单一")。因此,配子是单倍体,通常的体细胞是"二倍体"(diploid,源自希腊词 διπλοῦς,意为"二倍"),有三组、四组……或多组染色体的体细胞的个体则被称为三倍体、四倍体、……、多倍体。

在配子配合中，雄配子（精子）和雌配子（卵子）都是单倍体，因此它们结合形成的受精卵细胞是二倍体。它的染色体组一个来自母体，一个来自父体。

16. 单倍体个体

还有一点需要纠正。虽然这一点对于我们的目的来说并非必不可少，但它的确很有意思，因为它表明，"模式"的相当完备的密码本被包含在染色体的每一个单组中。

还有一些例子说明减数分裂后并不立即受精，其间单倍体细胞（"配子"）经历了多次有丝分裂，结果产生了全是单倍体的个体。雄蜂就是这样，它是孤雌生殖产生的，也就是说，是从没有受精的卵、因而是从蜂后的单倍体的卵产生的。雄蜂是没有父亲的！它的所有体细胞都是单倍体。如果愿意，你可以称它为一个极度扩大了的精子；事实上，人人都知道，这正好就是雄蜂一生中唯一的职能。然而，这也许是一种荒谬的看法。因为这个例子并不是独一无二的。许多植物通过减数分裂产生单倍体配子，即所谓的孢子，孢子落在地上，像一粒种子一样发育成真正的单倍体植物，其大小可与二倍体相比。图5是我们森林中很常见的一种苔藓植物的草图。长有叶片的底部是单倍体植物，叫配子体，因为在其顶端发育了性器官和配子，配子通过相互受精以通常方式产生了二倍体植物，裸露的茎的顶部生有孢子囊。这个二倍体植物被称为孢子体，因为通过减数分裂，它在顶部的孢子囊中产生了孢子。孢子囊张开时，孢子落到地上，发育成长为有叶片的茎，如此继续下去。这一事件过程被恰当地称为世代交替。如果愿意，你可以认为人和动物也是如此。不过，"配子体"一般而言是寿命极短的单细胞一代，至于是精子还是卵子要视情况而定。我们的身体相当于孢子体。我们的"孢子"是保留的细胞，这些细胞通过减数分裂产生出单细胞的一代。

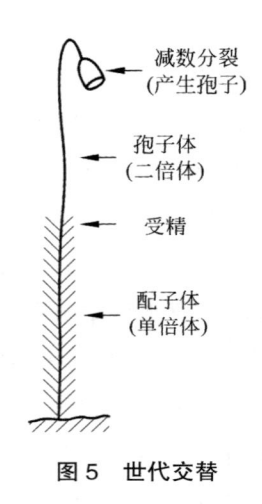

减数分裂
（产生孢子）

孢子体
（二倍体）

受精

配子体
（单倍体）

图 5　世代交替

17. 减数分裂的显著关联

在个体繁殖过程中，真正决定性的重要事件并不是受精，而是减数分裂。一组染色体来自父亲，另一组来自母亲。无论是机遇还是天命都无法干预这一事件。每一个男人[①]的遗传都是一半

[①] 每一个女人也是如此。为了避免冗长，我在这篇概述中没有谈及性决定和伴性性状（如所谓的色盲）等非常有趣的议题。

来自母亲，一半来自父亲。至于有时是母系占优势，有时是父系占优势，那是由于我后面会讲到的其他一些原因（当然，性别本身是这种优势的最简单例子）。

然而，当你把你的遗传起源追溯到你的祖父母时，情况就不同了。让我把注意力集中到我父亲的那一套染色体，特别是其中的一条，比如第5号染色体。这条染色体要么是我父亲从他父亲那里得到的第5号染色体的精确复制品，要么是我父亲从他母亲那里得到的第5号染色体的精确复制品。1886年11月在我父亲体内发生了减数分裂，并产生了几天以后对我的出生起作用的精子，究竟是哪一个精确复制品（祖父的还是祖母的）包含在精子里，机会是50∶50。针对我父亲的染色体组中的第1、2、……、24号染色体，都可重复同样的故事，如作适当变动，它也适用于我母亲的每一条染色体。此外，所有48条染色体都是完全独立的。即使知道我父亲的第5号染色体来自我的祖父约瑟夫·薛定谔，第7号染色体也有相同的概率要么同样来自我的祖父，要么来自我的祖母玛丽（娘家姓博格纳）。

18. 交换。特性的定位

根据前面的描述，我们已经默认或者明确表明了，一个特定的染色体作为整体，要么来自祖父，要么来自祖母。换句话说，单个染色体是整个传递下去的。然而，后代中却有更多机会出现祖父母遗传性的混合。事实上，染色体并不是或并不总是整个传递下去的。在减数分裂（比如在父体内的一次减数分裂）中，任何两条"同源"染色体在分离以前彼此紧靠在一起，在此期间，它们有时按照图 6 所示的方式整段交换。通过这种被称为"交换"的过程，分别位于那个染色体不同部位上的两种特性将在孙儿女那一代分离，孙儿女将会一种特性像祖父，另一种特性像祖母。这种既不罕见也不频繁的交换活动已为我们提供了关于特性在染色体上定位的宝贵信息。若要作完整说明，我们就不得不利用直到下一章才引入的概念（如杂合性、显性等）；不过那将超出这本小书的范围，所以我只谈一下要点。

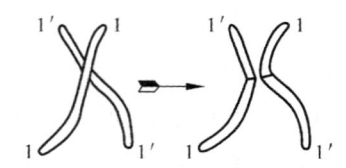

图 6 交换。左：接触中的两个同源染色体。
右：交换和分离以后。

假如没有交换，由同一条染色体负责的两种特性将永远被一起遗传给下一代，任何后代都不可能接受其中一种特性而不同时接受另一种特性；但是由不同染色体负责的两种特性，将要么以 50∶50 的机会被分开，要么总是被分开。如果两种特性位于同一祖先的同源染色体上，那就是后一种情况，因为这两条染色体永远不会一起传给下一代。

交换扰乱了这些规则和机会。因此，在为此精心设计的广泛的繁育试验中，只要认真记录后代特性的百分组成，就可以确定交换的概率。作统计分析时，人们接受了所建议的工作假说，即

第二章　遗传机制

位于同一条染色体上的两种特性之间的"连锁"被交换打断的次数越少,它们彼此靠得就越近。因为这样一来,在它们之间形成交换点的机会就少了,而位于染色体另一端的特性则会被每一次交换所分离(这也适用于位于同一祖先同源染色体上的特性的重新组合)。凭借这种方法,可以期望根据"对连锁的统计"画出每一条染色体内部的"特性图"。

这些预期已经完全得到证实。在经过充分试验的一些事例中(主要是但不仅仅是果蝇),被测试的特性实际上按照不同的染色体(果蝇有4条染色体)分成了不同的组,组与组之间没有连锁。每个组内可以画出特性的直线图,此图定量说明了该组任意两个特性之间的连锁程度,所以这些特性无疑是定位的,而且是沿一条直线定位的,就像染色体的棒状所暗示的那样。

当然,这里描绘的遗传机制的图式仍然相当空洞和平淡,甚至有些天真。因为我们并没有讲,我们所说的特性到底指什么。把本质上是统一"整体"的有机体模式分割成互不相关的"特性",这似乎既不恰当,也不可能。对于任何具体事例,我们实际说的是,如果一对祖先在某个明确的方面存在着差别(比如一个是蓝眼,另一个是褐眼),那么在这方面,他们的后代不是继承这一个就是继承另一个。我们在染色体上定位的就是这种差别的位置(专业术语称之为"位点",如果考虑到其背后假设性的物质结构,可称之为"基因")。我认为,真正的基本概念是特性的差别,而不是特性本身,尽管这种说法在语言和逻辑上有明显的矛盾。特性的差别实际上是不连续的,我们下一章谈突变时会看到这一点。我希望,迄今所呈现的平淡枯燥的图式那时会显得更为生动和富有色彩。

19. 基因的最大尺寸

我们刚才引入了"基因"一词作为某种遗传特征假设性的物质载体。现在要强调两点,这与我们的研究密切相关。第一点是这种载体的尺寸,或者更确切地说,它的最大尺寸;换句话说,我们对它的定位可以达到多小的体积?第二点是从遗传模式的持久性推出的基因的持久性。

关于尺寸,有两种完全独立的估计,一种是基于遗传学的证据(繁育试验),另一种是基于细胞学的证据(直接的显微镜观察)。第一种估计从原理上讲是非常简单的。就是用上述方法把某一条特定染色体的大量不同(宏观)性状(以果蝇为例)在染色体上定位以后,测量那条染色体的长度并除以性状的数目,再乘以染色体的横截面,就得到了所需的尺寸估计。当然,由于我们只把被交换偶然分离的那些性状看成不同的,所以它们不可能源于同样的(微观的或分子的)结构。另一方面,我们的估计显然只能给出最大尺寸,因为随着工作的进行,通过遗传学分析而分离出来的性状数目一直在不断增加。

另一种估计,尽管是基于显微镜的观察,其实也远不是直接的估计。果蝇的某些细胞(即它的唾腺细胞)由于某种原因被极度增大了,它们的染色体也是如此。在这些染色体上,你可以分辨出纤丝上深色横纹的密集图案。达林顿(C. D. Darlington)

曾指出，这些横纹的数目（在他研究的事例中是2000）虽然要大得多，但与繁育试验得出的位于那条染色体上的基因数约为同一数量级。他倾向于认为，这些横纹带标明了实际的基因（或基因的分离）。在一个正常尺寸的细胞里测得的染色体长度，把它除以横纹的数目（2000），他发现一个基因的体积等于边长为300埃的一个立方体。鉴于这些估计比较粗糙，可以认为这与通过第一种方法获得的尺寸是差不多的。

20. 小数目

下面要仔细讨论统计物理学与我所回顾的所有这些事实的关系（或者应该说，是这些事实与把统计物理学应用于活细胞的关系）。不过请注意一个事实，即在液体或固体中，300埃大约只有100个或150个原子距离，所以一个基因所包含的原子肯定不会超过一百万或几百万个。要遗传一种遵循统计物理学（这意味着遵循物理学）的有秩序、有规律的行为，这个数目太小了（从$\sqrt{n}$的观点来看）。即使所有这些原子都起相同的作用，就像它们在气体或液滴中那样，这个数目也还是太小。基因肯定不是一个同质的液滴，它也许是一个大的蛋白质分子，分子中每一个原子、每一个自由基、每一个杂合环都起着各自的作用，与其他任何一个类似的原子、自由基或环所起的作用多少有些不同。总之，这就是霍尔丹（J. B. S. Haldane）和达林顿等主要遗传学家的意见，我们很快就会谈到非常接近于证明这种意见的遗传学试验。

21. 持久性

现在让我们转到第二个密切相关的问题：遗传特性的持久程度有多大，携带它们的物质结构必须因此而具有什么性质呢？

其实，无须专门研究便可回答这个问题。我们谈到了遗传特性，单凭这个事实就已经表明，我们承认持久性几乎是绝对的。我们不要忘了，父母传给孩子的并不只是某个特别的特征，如鹰钩鼻、短手指、易患风湿症、血友病、二色视等等。我们也许可以方便地选取这些特征来研究遗传规律。然而，遗传下来的实际上是"表现型"的整个（四维）模式，是个体的可见的、明显的本性，它们被复制了好几代而没有什么明显改变，在数个世纪里持久恒定（虽然不能说是数万年不变），在每一次传递中，负载它们的是结合生成受精卵的两个细胞的物质结构。这真是个奇迹。只有一个奇迹比它更伟大，不过是不同层面上的奇迹，如果与我们所说的奇迹密切相关的话。我指的是这样一个事实：虽然我们的全部存在都完全依赖于这种奇迹奇妙的相互作用，但却有能力获得关于这一奇迹的许多认识。把这种认识推进到几乎能完全理解第一个奇迹，我想这是可能的。第二个奇迹则可能超出了人类的理解力。

第三章 突变

> 在变幻无常的现象中徘徊的东西,用永恒的思想将其固定。
>
> ——歌德

22. "跳跃式"的突变——自然选择的工作场地

刚才为论证基因结构的持久性而提出的一般事实,对我们来说也许太过熟悉,以至于不会引起注意或者让人信服。俗话说,"没有一个规律没有例外",这一次的确如此。如果孩子与父母之间的相似性没有例外,那么,我们不仅会失去所有那些揭示出详细遗传机制的精彩试验,而且通过自然选择和适者生存来形成物种的自然界的规模无比宏大的试验也不会存在。

我把最后这一重要主题当作展示相关事实的出发点——很抱歉要再声明一下,我不是生物学家。

今天我们确切地知道,达尔文把即使在最纯的种群里也必定会出现的微小的、连续的偶然变异当成了自然选择的材料,这是错误的。因为事实已经证明,这些变异并不是遗传的。这个事实很重要，值得作简要说明。如果拿一捆纯种大麦，一个麦穗一个麦穗地测量其麦芒的长度，并根据统计结果作图，那么你会得到一条钟形曲线，如图7所示。该图显示了长有明确长度的麦芒的麦穗数与麦芒长度的关系。换句话说，一定的中等长度占优势，沿两个方向都会出现一定频率的偏差。现在挑出一组麦穗（图中涂黑色的那组），其麦芒长度明显超过平均长度，但麦穗的数目足以在田里播种并长出新的作物。倘若对新长出的大麦作同样的统计，达尔文可能会预期相应的曲线向右移动。换句话说，他会期待通过选择来增加麦芒的平均长度。但如果使用的是真正纯种繁育的大麦品系，就不会是这种情况。从选出来播种的长麦芒麦穗的后代那里得到的新统计曲线，将与第一条曲线完全相同，如果选择麦芒特别短的麦穗作种子，情况也是一样。选择不会产生影响——因为微小的、连续的变异不被遗传。这些变异显然不是以遗传物质的结构为基础，而是偶然的。然而在大约40年前，荷兰人德弗里斯（de Vries）发现，即使在完全纯种繁育的原种的后代里，也有极少数个体（比如几万分之二三）出现了微小但却"跳跃式"的变化。"跳跃式"并不是指这个变化相当大，而是说它不连续，未变与少许改变之间没有中间形式。德弗里斯称之为突变。重要的事实是不连续性。这使物理学家想起了量子论——两个相邻能级之间没有中间能量。他会倾向于把德弗里斯的突变论比作生物学的量子论。以后我们会看到，这远不只是比喻。突变实际上是由基因分子中的量子跃迁所引起的。然而当德弗里斯1902年首次发表他的发现时，量子论才刚刚问世两年。难怪要由另一代去发现它们之间的密切关联！

第三章 突变

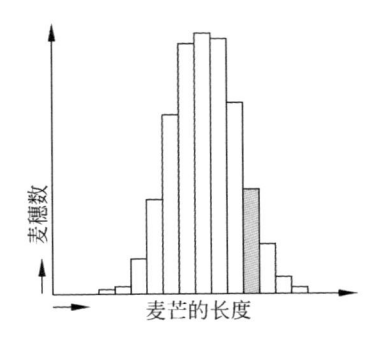

图 7 纯种大麦的麦芒长度的统计。涂黑色的那组是选做播种的。
（本图细节并不是根据实际试验画出的，而是仅作说明之用）

23. 它们繁育一模一样的后代，即它们被完全遗传下来

和原始的、未改变的特性一样，突变也是被完全遗传下来的。举例来说，前面讲到的大麦的首茬收获中可能会有少量麦穗的麦芒大大超过图 7 显示的变异范围，比如完全无芒。它们代表一种德弗里斯突变，将繁育一模一样的后代，也就是说，它们的所有后代都是无芒的。

因此，突变肯定是遗传宝库中的一种变化，不得不用遗传物质中的某些变化来说明。实际上，为我们揭示遗传机制的重要繁育试验，绝大多数都是按照一个预想的计划，把突变的（或者在许多情况下是多突变的）个体与未突变的或不同突变的个体杂交，然后对后代作仔细分析。另一方面，由于突变会繁育一模一样的后代，所以突变是达尔文描述的自然选择的合适材料，自然

选择是通过不适者淘汰、最适者生存而产生物种的。在达尔文的理论中，只需用"突变"来代替他所说的"微小的偶然变异"（正如量子论用"量子跃迁"来代替"能量的连续转移"）。如果我正确阐释了大多数生物学家所持的观点，那么，达尔文理论的所有其他方面是不需要作什么修改的。①

24. 定位。隐性和显性

现在，我们必须再次对突变的其他一些基本事实和概念做出略为教条的评论，而不是直接说明它们如何一个接一个地来源于实验证据。

可以预期，某个观察到的突变是由一条染色体在某个确定区域内的一个变化所引起的。的确如此。重要的是，我们确切地知道，它只是一条染色体中的一个变化，同源染色体的对应"位点"上并没有发生变化。图8给出了示意图，×表示突变的位点。当突变个体（往往被称为"突变体"）与一个非突变个体杂交时，事实表明只有一条染色体受到影响。因为后代中正好有一半显现出突变体的性状，另一半则是正常的。可以预期，这是突变体减数分裂时两条染色体分离的结果，图9是示意图。这是一个"谱系"，（三个连续世代的）每一个个体只用相关的一对染色体

---

① 朝着有用或有利的方向发生突变的明显趋向是否有助于（如果不是替代）自然选择，关于这个问题已有许多讨论。在这一点上，我个人的看法并不重要。但有必要指出，后来大家都忽视了"定向突变"的可能性。此外，这里我无法讨论"开关"基因与"多基因"的相互作用，虽然这对于选择和进化的实际机制很重要。

来表示。要知道,如果突变体的两条染色体都受到影响,那么它的所有子女都会得到相同的(混合的)遗传性,既不同于其父本,也不同于其母本。

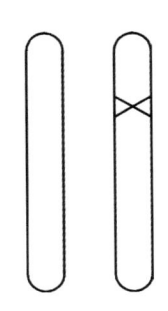

图 8　杂合的突变体。X 标明突变的基因。

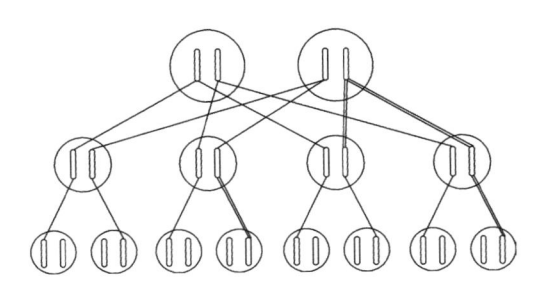

图 9　突变的遗传。交叉的直线表示染色体的传递,双线表示突变染色体的传递。第三代的未作说明的染色体来自图中未包括的第二代的配偶。假定这些配偶不是亲戚,也没有突变。

然而,在这个领域进行实验可不像我们刚才说的那么简单。第二个重要事实,即突变往往是潜在的,使之变得复杂了。这是什么意思呢?

在突变体中,两份"遗传密码本的副本"不再一样了;无论如何,在突变的地方是两个不同的"读本"或"版本"了。也许应该立即指出,把原始版本看成"正统",而把突变体版本看成"异端",这是完全错误的,尽管这种看法很有吸引力。从原则上讲,我们必须认为它们是同权的——因为正常的性状也是起源于突变。

一般而言,实际情况是,个体的"模式"要么仿效这个版本,要么仿效另一个版本,这些版本可以是正常的,也可以是突变的。被仿效的版本被称为显性,另一个版本则被称为隐性;换句话说,根据突变是否直接影响到模式的改变,称之为显性突变或隐性突变。

隐性突变甚至比显性突变更为频繁,而且非常重要,尽管起初它一点也不表现出来。要想影响到模式,两条染色体上必须都出现隐性突变(见图10)。当两个等同的隐性突变体碰巧相互杂交,或者当一个突变体自交时,就能产生这样的个体;这在雌雄同株的植物里是可能的,甚至会自发产生。稍作考虑即可看到,在这些情况下,后代中约有1/4属于这种类型,从而明显表现出突变模式。

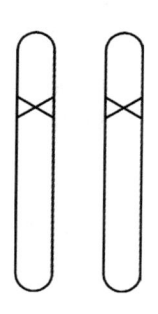

图10 纯合突变体,是从杂合突变体(见图8)自体受精,或两个杂合突变体杂交产生的后代中1/4的个体中获得的。

第三章 突变

25. 介绍一些术语

为了讲清楚问题，这里需要解释一些术语。对于我所谓的"密码本的版本"（无论是原始版本还是突变体的版本），人们已经采用了"等位基因"这一术语。如图8所示，如果版本不同，我们就说相对于该位点这个个体是杂合的。如果相同，比如非突变个体或者图10中的情形，就把它称为纯合的。于是，只有是纯合的时候，一个隐性的等位基因才会影响到模式。而显性的等位基因，不论它是纯合的还是仅仅是杂合的，都产生相同的模式。

有色对于无色（或白色）来讲往往是显性。例如，只有当豌豆的两个相关染色体里存在着"负责白色的隐性等位基因"，即"对白色纯合"的时候，豌豆才会开白花；它将繁育同样的后代，其所有后代都会开白花。但一个"红色等位基因"（另一个基因是白色的，个体是"杂合的"）将使它开红花，两个红色等位基因（"纯合的"）也是开红花。后面这两种情况的区别将只在后代中显示出来，因为杂合的红色会产生一些开白花的后代，而纯合的红色将只产生开红花的后代。

两个个体可能在外观上很相似，但遗传性却不同，这一事实非常重要，我们不妨作一种严格区分。遗传学家说，它们有相同的表现型，但遗传型是不同的。于是，前几段的内容可以简要而专业地概括如下：

只有当遗传型是纯合的时候，隐性等位基因才会影响表现型。

我们偶尔会使用这些专业表述，必要时会再向读者说明其含义。

26. 近亲繁殖的有害效应

只要隐性突变是杂合的，自然选择对它们当然就不起作用。如果它们是有害的（突变通常都是有害的），由于它们是潜在的，所以不会被消除。因此，大量的不利突变可以积累起来而不立即造成损害。但它们一定会传递给一半后代，这非常适用于人、家畜、家禽或我们直接关心其优良体质的任何其他物种。在图9中，假定一个男性个体（说具体些，比如我自己）是以杂合的状态带有这样一个隐性有害突变，所以它没有表现出来。假如我的妻子没有这种突变，那么我的半数子女也将带有这种突变，而且也是杂合的。倘若他们又与非突变的配偶结婚（为避免混淆，图中没有画），那么在我们的孙儿女中，平均有1/4将以同样方式受到突变的影响。

除非受到同样影响的个体彼此杂交，否则危害永远不会明显表现出来。只要稍作考虑就会明白，当他们的子女有1/4是纯合的时候，危害就表现出来了。仅次于自体受精的（只有雌雄同体的植物才有可能）最大危险是我的儿子同我的女儿结婚。他们中每一个人受或不受潜在影响的机会是相等的，这种乱伦的结合中有1/4是危险的，因为其子女当中有1/4将表现出伤害。因此，对于乱伦所生的一个孩子来说，危险因子是1∶16。

同样,我的两个("纯血缘的")孙儿女即堂、表兄妹结合所生后代的危险因子是1∶64。这种机会看起来并不太大,实际上第二种情况通常会被容许。但不要忘了,我们已经分析过祖代配偶("我和我的妻子")的一方带有一个可能潜在损伤的后果。实际上,他们两人都很可能藏有不止一个这种潜在缺陷。如果你知道自己藏有某种缺陷,那么在你的8个堂、表兄妹中间,必定有一个也带有这种缺陷。动植物实验似乎表明,除了一些比较罕见的严重缺陷外,还有很多较小的缺陷,它们的机会结合在一起会使整个近亲繁殖的后代衰退恶化。既然我们不再愿意用斯巴达人在泰格托斯(Taygetos)山经常采用的严酷方式去消灭失败者,我们就必须特别严肃地看待发生于人类的这些事情,对人类而言,对最适者的自然选择被大大减少了,事实上是转向了反面。如果说,更原始条件下的战争可能还具有使最适合的部落幸存下去的积极的选择价值,那么现代大量屠杀各国健康青年的反选择效应,连这一点理由也没有了。

27. 一般的和历史的评述

隐性等位基因在杂合时完全被显性等位基因所掩盖,丝毫产生不出可见的效应,这一事实令人吃惊。至少应当提到,这种情况是有例外的。当纯合的白色金鱼草与同样是纯合的深红色金鱼草杂交时,所有直接后代的颜色都是中间型的,即粉红色(不是预期的深红色)。血型是两个等位基因同时显示出影响的更重要的例子,但我们这里无法讨论了。如果最终事实证明,隐性可以分成若干种程度,并且依赖于我们用来考察"表现型"的试验的灵敏度,我是不会感到惊讶的。

这里也许应当讲一下遗传学的早期历史。该理论的支柱,即关于亲代的不同特性在连续世代中的遗传规律,尤其是关于显隐性的重要区别,都应归功于现在世界闻名的奥古斯丁会修道院院长孟德尔(Gregor Mendel,1822—1884)。孟德尔对突变和染色体一无所知。他在布隆(布尔诺)其修道院花园中用豌豆做试验。他栽种了不同品种的豌豆,让它们杂交并观察它们的第一代、第二代、第三代……等后代。可以说,他是在用他所发现的自然界中现成的突变体做试验。早在1868年,他就把试验结果发表在"布隆自然研究者协会"的会报上。当时,似乎没有人对这个修道士的业余爱好特别感兴趣,当然也没有人会想到,他的发现在20世纪竟然指引着一个全新的科学分支的方向,它无疑是当今最让人感兴趣的学科。他的论文被遗忘了,直到1900年才由科伦斯(Correns,柏林)、德弗里斯(阿姆斯特丹)和切尔马克(Tschermak,维也纳)各自在同一时间重新发现。

28. 突变作为一种罕有事件的必要性

迄今为止,我们倾向于把注意力集中在有害的突变上,这种突变可能更多一些;但必须明确指出,我们的确也碰到过有利的突变。如果说自发突变是物种发展道路上的一小步,那么我们就得到了一种印象,即有些变化是冒着可能是有害的因而会被自动消除的风险而偶然做出的"试验"。由此引出了非常重要的一点。要想成为自然选择的合适材料,突变必须是罕有事件,就像它实际的那样。假如突变非常频繁,以致有很大的机会,比如同一个体内出现了十几个不同的突变,那么有害的突变一般会比有利的突变占优势,物种非但不会通过选择而得到改良,反而会停滞在没有改良的状态,或者消亡。基因的高度持久性导致的相当程度的保守性是至关重要的。我们可以从一个大型制造厂的运作中找到一种类比。为了发展出更好的生产方法,一些革新即使是尚未得到确证,也必须加以试验。但是,为了确定这些革新究竟会改进生产还是降低生产,有必要在一段时间内只采用一项革新,该厂机制的其余部分则保持不变。

29. X射线诱发的突变

现在我们要回顾一系列非常巧妙的遗传学研究工作,事实将证明,这是与我们的分析最为相关的内容。

用X射线或γ射线照射亲代,可使后代中出现突变的百分比,也就是所谓的突变率,比很低的自然突变率增高好几倍。通过这种方式产生的突变(除数量更多外)与那些自然发生的突变并没有什么两样,因而人们有这样的印象,即每一种"自然"突变也可以用X射线诱发。在大量培育的果蝇中间,经常自发产生许多特殊的突变;如第18节所说,它们已在染色体上定位,并且被给予了专门的名称。甚至还发现了所谓的"复等位基因",也就是说,在染色体密码的同一位置,除了一个正常的非突变"读本"或"版本"以外,还有两个或两个以上不同的"版本"

或"读本";这意味着在那个特殊的"位点"上,不仅有两种而且有三种或更多种可能选择,当它们同时出现在两条同源染色体上的相应位点时,其中任何两个"版本"之间都有"显性－隐性"的关系。

X射线产生突变的实验给人的印象是,每一个特定"转变",比如从正常个体变成特殊的突变体,或者从特殊的突变体变成正常个体,都有它自己的"X射线系数",这个系数表示子代出生以前,用单位剂量的X射线照射亲体时,因射线而产生突变的后代的百分数。

30. 第一法则。突变是单一事件

支配诱发突变率的法则是极其简单和极富启发的。这里我依据的是1934年《生物学评论》第9卷上季莫菲耶夫(N. W. Timoféëff)的报告。这篇报告在很大程度上引用了作者本人出色的工作。第一法则是:

(1)突变的增加与射线剂量严格成正比,因此确实可以(像我那样)谈及增加的系数。

我们已经很熟悉简单的比例关系,以致容易低估这一简单法则的深远后果。为了理解这一点,我们也许会想到,比如一种商品的单价与其总金额并不总是成比例的。通常,当你在已经买了半打橘子的情况下决定买下整个一打橘子时,店主也许会感激地以低于半打橘子两倍的价钱卖给你。而当货源不足时,情况则可能相反。就目前的例子而言,我们可以断言,虽然辐射的第一个一半剂量比如说引起了千分之一的后代发生突变,但它对其余后代是没有影响的,既不使它们倾向于发生突变,也不使它们免于突变。否则,第二个一半剂量就不会正好再引起千分之一的后代发生突变。因此,突变并不是由连续的小剂量辐射相互增强而产生的一种积累效应。突变必定是辐射期间发生在一条染色体里的单一事件。那么,这是什么样的事件呢?

31. 第二法则。事件的局域化

第二法则回答了这个问题,那就是:

(2)如果在广泛的限度内改变射线(波长)的性质,从软的X射线到比较硬的伽马射线,那么只要给予同一剂量,系数就保持不变。剂量是用所谓的伦琴单位来度量的,也就是说,按照照射期间在亲体受到照射的那个地方,在恰当选择的标准物质的单位体积内产生的离子总数来度量剂量。

之所以选择空气作为标准物质,不仅是为了方便,而且是因为有机组织是由平均原子量等于空气的元素组成的。只要将空气中的电离数乘以密度比,即可得出组织内电离作用或类似过程(激发)总数的下限。[①] 因此,引起突变的单一事件正是在生殖细胞的某个"临界"体积内发生的电离作用(或类似的过程),这是很清楚的,而且已经被更关键的研究所证实。这一临界体积有多大呢?可以根据观察到的突变率,按照以下考虑

---

① 之所以是下限,是因为这些其他过程无法用电离测量,但可能对产生突变有效。

对它做出估计:如果每立方厘米产生 50 000 个离子的剂量,使(处于照射区内的)任何一个配子以那种特定方式发生突变的机会只有 1∶1 000,那么可以断定,那个临界体积,即电离作用要引起突变所必须"击中"的"靶"的体积只有 1/50 000 立方厘米的 1/1 000,即 5 000 万分之一立方厘米。这些数字并不准确,只是用来说明问题而已。实际估计时,我们依据的是德尔布吕克(M. Delbrück)的工作,这是德尔布吕克、季莫菲耶夫和齐默尔(K. G. Zimmer)合写的一篇论文,[①] 这篇论文也是接下来两章所要阐述的理论的主要来源。他得出的体积仅仅是边长约为 10 个平均原子距离的一个立方体,因此只包括大约 $10^3 = 1\,000$ 个原子。对于这一结果,最简单的解释是,如果在距离染色体上某一特定点不超过"10 个原子距离"的范围内发生了一次电离(或激发),那么就可能产生一次突变。我们后面会更详细地讨论这一点。

季莫菲耶夫的报告包含着一项有实际意义的暗示,我这里不能不提,尽管它与我们目前的研究没有什么关系。在现代生活中,人们有很多机会遭到 X 射线的照射。众所周知,它会直接导致烧伤、X 射线癌、绝育等等,现在已经用铅屏、铅围裙等作为防护,特别是配给那些经常接触射线的护士和医生们。问题是,即使成功防止了对个人的这些直接危险,也还存在着生殖细胞里产生细微的有害突变的间接危险——这就是我们谈到近亲繁殖的不良后果时所面对的那种突变。说得极端些,尽

---

① *Nachr. a. d. Biologie d. Ges. d. Wiss. Göttingen*, vol. 1, p. 189, 1935.

管可能有些天真，堂表兄妹结婚的危害很可能因为他们的祖母当过长时间的 X 射线护士而有所增加。虽然个人不必为此而担忧，但这种不希望有的潜在突变可能逐渐影响人类，却是社会应该关注的。

第四章　量子力学的证据

你高高腾起的精神火焰默许了一个比喻,一个意象。

——歌德

32. 经典物理学无法解释的持久性

借助于 X 射线极为精密的仪器（物理学家还记得，该仪器在 30 年前揭示了晶体详细的原子晶格结构），生物学家和物理学家经过共同努力，最近成功降低了导致个体某一宏观形状的显微结构的尺寸——"基因的尺寸"——的上限，并使其远远低于第 19 节得出的估计值。我们正严肃面对着这样一个问题：从统计物理学的观点来看，基因结构似乎只包含着较少的原子（量级为 1 000，甚至还可能少得多），却以近乎奇迹的持久性表现出了非常规律的活动，如何能使这两方面的事实协调起来呢？

让我再次把这种令人惊奇的状况说得更鲜明些。哈布斯堡王朝的几位成员有一种特别难看的下唇（哈布斯堡唇）。在王室的资助下，维也纳皇家学院认真研究了它的遗传，并连同历史肖像一起发表了。事实证明，这种特征是正常唇形的一个真正孟德尔式的"等位基因"。如果考察生活在16世纪的一位家族成员的肖像和他生活在19世纪的后代的肖像，我们也许可以确信，决定这一畸形特征的物质基因结构已经世代相传了几个世纪，在其间为数不多的细胞分裂中，每一次都被忠实地复制下来。此外，这个作为原因的基因结构所包含的原子数目很可能与X射线试验测得的原子数目同数量级。在整段时间里，基因的温度一直保持在98华氏度左右。数个世纪以来，它始终未受热运动无序趋向的干扰，我们应当如何理解这一点呢？

如果上个世纪末的一位物理学家只准备用他所能解释并能真正理解的那些自然定律去回答这个问题，他将不知所措。事实上，对统计学的状况稍作思考之后，他也许会回答说（我们将会看到，这种回答是正确的）：这些物质结构只可能是分子。关于这些原子集合体的存在性以及有时高度的稳定性，当时的化学已有广泛了解。但这种了解是纯经验的。分子的本性还不为人所知——对于所有人来说，使分子保持形状的原子之间的强键完全是一个谜。事实证明，这个问答是正确的。但如果只把这种令人费解的生物学稳定性追溯到同样令人费解的化学稳定性，它的价值就很有限。虽然证明了两种表面上相似的特征是基于同一条原理，但只要这一原理本身是未知的，该证明就总是不牢靠的。

33. 可以用量子论来解释

对于这个问题，量子论提供了解释。根据目前的了解，遗传

48　机制是与量子论密切相关的，甚至建立在量子论的基础之上。量子论是马克斯·普朗克（Max Planck）1900年发现的。而现代遗传学可以追溯到德弗里斯、科伦斯和切尔马克（1900年）重新发现孟德尔的论文，以及德弗里斯讨论突变的论文（1901—1903年）。因此，这两大理论几乎是同时诞生的，难怪它们需要成熟到一定程度之后才会产生关联。逾1/4个世纪之后，直到1926—1927年，海特勒（W. Heitler）和伦敦（F. London）才概述了化学键量子论的一般原理。海特勒–伦敦理论包含了量子论最新进展（被称为"量子力学"或"波动力学"）的最为复杂精细的观念。不用微积分几乎不可能进行描述，或者至少要另写一本这样的小册子。好在全部工作现已完成，能够用来澄清我们的思想，我们现在似乎可以更加直接地指出"量子跃迁"与突变之间的联系，并立即分辨出最明显的事项。这正是我们在这里试图做的事情。

34. 量子论——不连续状态——量子跃迁

量子论最惊人的发现是在"自然之书"中发现了不连续特征，而根据当时的观点，任何非连续的东西似乎都是荒谬的。

第一个这样的例子与能量有关。宏观物体是连续改变能量的，比如摆的摆动因空气阻力而逐渐减慢。很奇怪，事实证明，必须承认原子尺度系统的行为是不同的。根据一些我们无法在这里详述的理由，必须假定一个小的系统因其自身的性质，只能拥有某些不连续的能量，即它所特有的能级。从一种

第四章　量子力学的证据

状态转变为另一种状态是一件相当神秘的事情，通常被称为"量子跃迁"。

不过，能量并不是系统的唯一特征。再以我们的摆为例，不过是考虑一个可以作各种不同运动的摆，在天花板上悬下一根绳子，系上一个重球，可以让它沿南北向、东西向或任何其他方向摆动，或者作圆形或椭圆形摆动。用风箱轻轻吹拂这个球，便能使它从一种运动状态连续转变到任一种运动状态。

对于微观系统来说，诸如此类的特征——对此我们无法详细讨论——大都是不连续变化的。它们就像能量那样是"量子化"的。

结果是，当若干原子核，包括其电子侍卫，彼此靠近形成"一个系统"时，原子核凭借其自身本性是无法选择我们所能设想的任意构形的。它们本质上只能从大量不连续的"状态"中进行选择。[①] 我们通常把这些"状态"称为级或能级，因为能量是与这种特征非常相关的部分。但要知道，完整的描述要包括远比能量更多的东西。认为一种状态意味着所有微粒的某种确定构形，这种看法差不多是正确的。

从一种构形转变为另一种构形就是量子跃迁。如果第二种构形有更大的能量（"是高能级"），那么外界至少要为该系统提供两个能级之差，才能使转变成为可能。它也可以自发变到低能级，通过辐射来消耗多余的能量。

[①] 我采用的是一种常见的通俗说法，它足以满足我们目前的需要。但为了省事而延续错误，我也为此于心有愧。实际情况要复杂得多，因为它还包括系统状态偶然的不确定性。

35. 分子

在原子选定的一组不连续状态当中，或许存在但并不必然存在一个最低能级，它意味着原子核彼此紧密靠拢。这种状态下的原子便构成了一个分子。这里要强调的是，分子必定具有某种稳定性；除非外界至少把"提升"至下一个较高能级所需的能量差提供给它，否则构形是不会改变的。因此，这种定量的能级差定量地决定了分子的稳定程度。我们将会看到，这一事实与量子论的基础（即能级的不连续性）的联系是多么紧密。

请读者注意，这些观点已经经过了化学事实的彻底检验，它们可以成功地解释化学原子价的基本事实以及关于分子结构、分子的结合能、分子在不同温度下的稳定性等方面的诸多细节。我指的是海特勒－伦敦理论，正如我所说，我无法在这里对其详加考察。

36. 分子的稳定性依赖于温度

我们这里只考察分子在不同温度下的稳定性，它与我们的生物学问题关系最大。假定我们的原子系统开始时处于它的最低能态。物理学家称之为绝对零度下的分子。要把它提升到下一个高能态或高能级，就需要提供一定的能量。提供能量的最简单方式是给分子"加热"。把它拿到一个较高温度的环境（"热浴"）中，使其他系统（原子、分子）可以冲击它。考虑到热运动是完全无规则的，所以不存在一个明确的温度界限，使"提升"可以确定无疑地立即产生。事实上，在任何温度下（只要不是绝对零度）都有或大或小的机会出现"提升"，这种机会当然随着"热浴"温度的增加而增加。要表达这种机会，最好是指出"提升"发生以前必须等待的平均时间，即"期待时间"。

根据波拉尼（M. Polanyi）和维格纳（E. Wigner）的一项研究，[①]"期待时间"主要取决于两个能量之比，一个能量是实现"提升"所需要的能量差本身（我们用 W 来表示），另一个能量刻画的是相关温度下热运动的强度（我们用 T 表示绝对温度，用 kT 表示特征能量）。[②] 有理由认为，实现"提升"的机会越小，期待时间就越长，而"提升"本身与平均热能相比就越高，亦即 $W:kT$ 就越大。令人惊讶的是，$W:kT$ 相当小的变化会大大影响期待时间。例如（根据德尔布吕克的说法），倘若 W 是 kT 的 30 倍，则期待时间可能只有 1/10 秒；而若 W 是 kT 的 50 倍，期待时间就将长达 16 个月；而当 W 是 kT 的 60 倍时，期待时间将是 30 000 年！

37. 数学插曲

我们也可以用数学语言向那些对数学感兴趣的读者解释这种对能级变化或温度变化高度敏感的原因，同时再补充一些类

---

① *Zeitschrift für Physik*, Chemie (A), Haber-Band, p. 439, 1928.
② k 是数量已知的常数，被称为玻尔兹曼常数；3/2kt 是在绝对温度 T 时一个气体原子的平均动能。

似的物理学说明。原因在于，期待时间 t 以指数函数依赖于 W/kT：

$$t=\tau e^{W/kT}$$

τ 是量级为 10^{-13} 或 10^{-14} 秒的常数。这个特殊的指数函数并非偶然特征。它一再出现在热的统计理论中，仿佛构成了其支柱。它衡量的是像 W 那么大的能量偶然聚集在系统的某个部分中的不可能性概率。当 W 是"平均能量"kT 的好多倍时，这种不可能性概率就会增至非常大。

实际上，W=30kT（见前引例子）已是极为罕见了。当然，它之所以没有导致极长的期待时间（在我们的例子中只有 1/10 秒），是因为因子 τ 很小。这个因子是有物理意义的，它代表整个时间内系统里发生振动的周期的数量级。你可以非常粗略地认为，这个因子意指积累起所需的 W 的机会，它虽然很小，却一再出现于"每一次振动"，亦即每秒大约 10^{13} 或 10^{14} 次。

38. 第一项修正

把这些考虑提出来作为分子的稳定性理论，就已经默认了量子跃迁（即我们所谓的"提升"）即使不是导致完全的解体，至少也导致了相同原子本质上不同的构形——即化学家所说的一种同分异构分子，也就是由相同原子按照不同排列所构成的分子（应用于生物学时，它将代表同一"位点"上的不同"等位基因"，量子跃迁则代表突变）。

要使这一解释成立，必须作两项修正，为了便于理解，我有意说得简单一些。根据前面所说，有人可能会以为一群原子只有在最低能态才会构成我们所说的分子，而下一个较高能态已经是"其他某种东西"了。事实并非如此。实际上，最低能级后面还有着一系列密集的能级，这些能级并不涉及整个构形的任何明显变化，而只对应于我们在第37节中讲到的原子中的那些微小振动。它们也是"量子化"的，不过是以较小的步子从一个能级跳到下一个能级。因此在低温下，"热浴"粒子的碰撞已经足以造成振动。如果分子是一种广延结构，你可以把这些振动设想成高频声波，穿过分子而不造成任何伤害。

因此，第一项修正并不很大：我们可以忽视能级图式的"振动的精细结构"。应把"下一个较高能级"理解为与构形的相关改变相对应的下一个能级。

39. 第二项修正

第二项修正解释起来要困难得多，因为它涉及包含不同能级的图式的某些重要而复杂的特征。两个能级之间的自由通路也许会被阻塞，更不用说供给所需的能量了；事实上，甚至从较高能态到较低能态的通路也可能被阻塞。

让我们从经验事实开始谈起。化学家都知道，同一组原子结合成分子的方式可以不止一种。这种分子被称为同分异构体（isomeric，"由相同的部分构成的"；ίσος = "相同的"，μέρος = "部分"）。同分异构现象并非例外，而是通常情况。分子越大，提供的同分异构体就越多。图11是一种最简单的情况，即两种丙醇，它们都是由 3 个碳原子（C）、8 个氢原子（H）和 1 个氧原子（O）构成的。[①] 氧可插入任何氢和碳之间，但只有本图中显示的两种情况才是不同的物质。的确如此。它们所有的物理常数和化学常数都截然不同。其能量也不同，代表"不同的能级"。

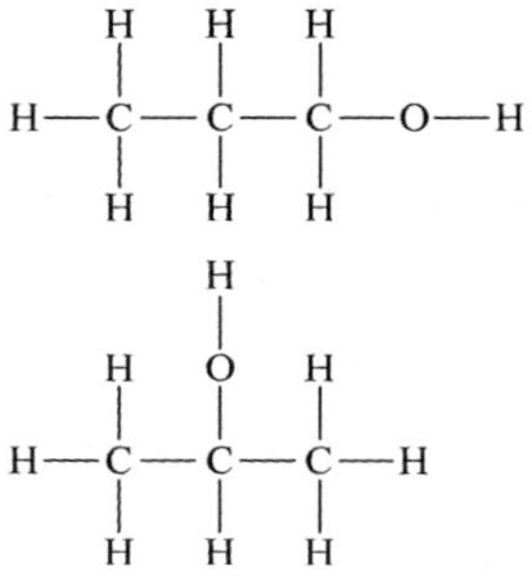

```
    H   H   H
    |   |   |
H — C — C — C — O — H
    |   |   |
    H   H   H

        H
        |
    H   O   H
    |   |   |
H — C — C — C — H
    |   |   |
    H   H   H
```

图 11　两种丙醇的同分异构体

值得注意的是，两种分子都非常稳定，仿佛都处于"最低状态"。不存在从一种状态到另一种状态的自发跃迁。

原因在于，这两种构形并非相邻的构形。要从一种构形转变为另一种构形，必须经过若干中间构形，而这些中间构形的能量要高于两者中的任何一种。粗浅地说，必须把氧从一个位置抽出来，插到另一个位置上，如果不经过能量高得多的构形，这种跃迁似乎是无法实现的。这种状态有时可以用图 12 来描绘，其中

[①] 讲演中展示了这些模型，其中 C、H 和 O 分别用黑色、白色和红色的木球所代表。这里我不再对模型进行复制，因为它与实际分子的相似性并不比图 11 更好些。

第四章 量子力学的证据

1 和 2 代表两个同分异构体，3 代表它们之间的"阈"，两个箭头表示"提升"，即分别产生从状态 1 到状态 2 的跃迁或者从状态 2 到状态 1 的跃迁所需的能量供给。

现在可以给出我们的"第二项修正"了，即这种"同分异构体"的跃迁是我们在生物学应用中唯一感兴趣的变化。我们在第 35 节到 37 节中解释"稳定性"时所想到的正是这些跃迁。我们所说的"量子跃迁"就是从一种相对稳定的分子构形转变为另一种相对稳定的分子构形。发生跃迁所需的能量供给（它的量用 W 表示）并非实际的能级差，而是从初始能级上升到阈的能量差（见图 12 中的箭头）。

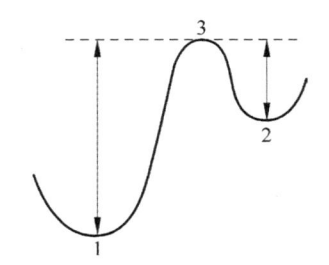

图 12　同分异构体的能级（1）和（2）之间的阈能（3）。
箭头表示转变所需的最小能量。

我们对初态与终态之间不介入阈的跃迁完全没有兴趣，不仅在我们的生物学应用中是如此。这种跃迁对于分子的化学稳定性其实毫无作用。为什么呢？因为它们没有持久的效应，引不起人的注意。它们发生跃迁时，几乎立即就回复到了初态，因为没有什么东西阻止这种回复。

第五章　对德尔布吕克模型的讨论和检验

> 的确，正如光明显出了它自身，也显出了黑暗，真理既是它自身的标准，也是谬误的标准。
>
> ——斯宾诺莎，《伦理学》，第二部分，命题 43

40. 对遗传物质的一般描述

由这些事实可以很简单地回答我们的问题：这些由少量原子组成的结构能否长时间经受住遗传物质不断受到的那种热运动的干扰影响？我们将假定基因的结构是一个巨大的分子，只能发生不连续的变化，这种变化就是原子重新排列，导致同分异构的分子。① 这种重新排列也许只影响基因的一小部分区域，可能有大量不同的重新排列。与一个原子的平均热能相比，把实际构形从任何可能的同分异构体中分离出来的阈能一定

---

① 为方便起见，我仍然称之为一种同分异构体的转变，尽管不考虑与环境相互交换的可能性是荒谬的。

第五章 对德尔布吕克模型的讨论和检验

很高,从而使这种转变成了罕有事件。这些罕有事件就是自发突变。

本章的后面几部分将通过与遗传学事实作详细比较,检验这种关于基因和突变的一般描述(主要归功于德国物理学家德尔布吕克)。在此之前,我们不妨对该理论的基础和一般性质作些评论。

41. 这种描述的独特性

找到最深的根底,把这种描述建立在量子力学的基础之上,对于这个生物学问题来说是绝对必要的吗?基因是一个分子,我敢说这样的猜测在今天已经司空见惯了。无论是否熟悉量子论,很少有生物学家会不同意这种猜测。我们在第 32 节大胆让一位前量子物理学家把它说出来,作为对观察到的持久性的唯一合理解释。随后是关于同分异构现象、阈、$W:kT$ 在确定同分异构跃迁概率方面的重要作用等等的思考,所有这些都可以在纯经验的基础上来介绍,而不必利用量子论。既然在这本小书中我无法真正讲清楚量子力学的观点,而且还可能使许多读者感到厌烦,那我为什么还要如此强烈地坚持它呢?

量子力学是根据一些第一原理来解释自然界中实际碰到的各种原子集合体的第一种理论。海特勒－伦敦键是该理论的一个独特特征,但并不是为了解释化学键而发明的。它在很大程度上是以一种非常有趣和令人费解的方式自行出现的,是基于完全不同的考虑被强加给我们的。现已证明,它与观察到的化学事实精确吻合,而且正如我所说,它是一个独有的特征,我们对它已经有了足够了解,可以相当肯定地说,在量子论的进一步发展中,"这样的事情不可能再发生了"。

因此,我们可以有把握地断言,除了对遗传物质的分子解释以外,没有其他可能的解释了。要解释遗传物质的持久性,在物理学方面只有这一种可能性。倘若德尔布吕克的描述失败了,我们将不得不放弃进一步的尝试。这是我想说的第一点。

42. 一些传统的错误观念

但也许可以问:除分子以外,难道真的没有由原子构成的其他可以持久的结构了吗?埋在坟墓里数千年的金币难道不是保存着印在它上面的肖像特征吗?金币固然是由大量原子构成的,但在这个例子中,我们肯定不会把这种纯粹的形象保存归因于大数统计。这种说法也适用于历经数个地质时代而没有改变的嵌在岩石中的纯净晶体。

这就引出了我想说明的第二点。一个分子、一个固体、一块晶体,这些情况实际上并无不同。从现在的认识来看,它们实质上是相同的。不幸的是,学校教学还保留着好多年前就已经过时的传统看法,从而模糊了对实际事态的认识。

事实上,我们在学校里学的关于分子的知识并没有讲到,与液体或气态相比,分子与固态更加相近。相反,我们被告知要仔细区分融化或蒸发这样的物理变化和酒精燃烧这样的化学变化：在融化或蒸发中，分子被保持着（比如酒精，不论它是固体、液体还是气体，都是由相同的分子 C_2H_6O 组成的）；而在酒精的燃烧中，

$$C_2H_6O+3O_2=2CO_2+3H_2O$$

1个酒精分子和3个氧分子重新排列后形成了2个二氧化碳分子和3个水分子。

关于晶体，我们学到的是它们形成了三向堆叠的周期性晶格，晶格中单个分子的结构有时是可以识别的，酒精和大多数有机化合物就是如此；而在其他晶体比如岩盐（氯化钠，NaCl）中，氯化钠分子是无法明确定出界限的，因为每一个钠原子都被6个氯原子对称地包围着，反过来也是如此，因此把哪一对钠氯原子看成氯化钠分子基本上是任意的。

最后，我们被告知，一个固体既可以是晶体，也可以不是晶体，在后一种情况下，我们把它称为无定形固体。

43. 物质的不同的"态"

现在，我还没有进而说所有这些说法和区别都是错误的。它们对于实际目的来说有时是有用的。但在物质结构方面，必须用完全不同的方式来划定界限。基本区别在以下"等式"的两条思路之间：

分子 = 固体 = 晶体的

气体 = 液体 = 无定形的

对于这些说法，我们必须作简要说明。所谓的无定形固体

要么不是真正无定形，要么不是真正的固体。在"无定形的"木炭纤维中，X射线已经揭示出石墨晶体的基本结构。因此木炭是固体，也是晶体。如果我们没有找到晶体结构，就必须把它看成一种高"黏性"（内摩擦）的液体。没有明确的熔化温度和熔化潜热表明这种物质不是一种真正的固体。加热时它会逐渐变软，最后液化而不存在不连续性（我记得在第一次世界大战行将结束时，在维也纳曾有人给我们一种沥青似的东西作为咖啡的代用品。它坚硬异常，以至于当它出现光滑的贝壳似的裂口时，必须用凿子或斧头将它砸成碎片。但再过一段时间，它会表现得像一种液体，假如把它搁上几天，它会牢牢黏在容器底部）。

我们很熟悉气态和液体的连续性。可以用"围绕"所谓临界点的方法使任何气体液化而没有不连续性。但这个问题我们这里就不多谈了。

44. 真正重要的区别

于是，除了想把分子看成一种固体或晶体这一要点之外，我们已经证明上述图式中的一切都是有道理的。

这一要点的理由是，把一些原子（不论多少）结合起来构成分子的力，和把大量原子结合起来构成真正的固体或晶体的力本质上是相同的。分子表现出和晶体一样的结构稳固性。请记住，我们正是用这种稳固性来解释基因的持久性的！

物质结构中真正重要的区别在于，原子是否是被那些"起稳固作用的"海特勒-伦敦力结合在一起。在固体和分子中，原子都是这样结合的。在单原子气体中（如水银蒸气）就不是这样了。在分子组成的气体中，只有每一个分子内的原子才以这种方式结合在一起。

45. 非周期性固体

一个很小的分子也许可以称为"固体的胚芽"。从这样一个小的固体胚芽开始，似乎有两种不同方式来建立越来越大的集合体。一种方式是沿三个方向一再重复同一种结构，比较乏味。正在生长的晶体所遵循的正是这一方式。周期性一旦确立，集合体的大小就没有明确界限了。另一种方式是不用那种乏味的重复来建立越来越大的集合体。越来越复杂的有机分子就是如此，其中每一个原子和原子团都起着各自的作用，与其他许多原子起的作用（比如周期性结构中的情形）并不完全相同。我们可以恰当地把它称为一种非周期性晶体或固体，并且这样来表达我们的假说：我们认为，基因——也许是整个染色体纤丝[①]——是一种非周期性固体。

46. 压缩在微型密码中的丰富内容

经常有人问，像受精卵细胞核这样一点点物质，如何能包

[①] 染色体纤丝无疑非常柔韧，一根细铜丝也是如此。

含一个涉及有机体所有未来发育的精细的密码本呢？一种具有足够的抵抗性来长时间维持其秩序的、秩序井然的原子结合体，似乎是唯一可以设想的物质结构，它提供了各种可能的（"同分异构的"）排列，足以在很小的空间界限内体现一个复杂的"决定"系统。事实上，这种结构中不必有大量原子就能产生近乎无限种可能排列。为了说明问题，试想一下莫尔斯电码。这种电码用点（"·"）、划（"—"）两种符号，如果每一个组合用的符号不超过 4 个，就可以编成 30 种不同的电码。如果除点划外再加上第 3 种符号，每一个组合用的符号不超过 10 个，就可以编成 88572 个不同的"字母"；如果用 5 种符号，每一个组合用的符号增加到 25 个，则可以编成 37529846191405 个"字母"。

也许有人会反驳说，这个比喻是有缺陷的，因为莫尔斯符号可以有不同组合（比如·——和··—），因此不适合与同分异构体作类比。为了弥补这一缺陷，让我们从第三个例子中只挑出 25 个符号的组合，而且只挑出 5 种符号、每种符号都有 5 个（5 个点，5 个短划，等等）的那种组合。估算一下，组合数是 62330000000000，右边几个零所代表的实际数字我没有仔细计算。

当然，在实际情况下，并非原子团的"每一种"排列都代表一种可能的分子；而且，密码不能随意采用，因为密码本本身必定是引起发育的操纵因子。但另一方面，上述例子中选择的数目（25 个）仍然很小，而且我们只设想了沿一条直线的简单排列。我们想说明的仅仅是，就基因的分子图来说，微型密码精确对应于一个极为复杂的特定的发育计划,并且包含着使密码起作用的途径,这已经不再是无法设想的。

47. 与事实作比较:稳定程度;突变的不连续性

最后,让我们用生物学事实与理论描述作比较。第一个问题显然是,理论描述能否真正解释我们观察到的高度持久性。所需要的阈值——平均热能 kT 的许多倍——是合理的吗?处在普通化学认识的范围之内吗?这个问题很容易解决,我们无需查表就能给出肯定的回答。能被化学家在某一温度下分离出来的任何物质的分子在该温度下至少有几分钟的寿命。(这是保守的说法,一般说来,它们的寿命要长得多。)于是,化学家碰到的阈值必定恰恰是实际解释生物学家可能碰到的持久性所需的数量级;因为从第 36 节我们得知,在大约 1∶2 的范围内变动的阈值,可以解释从几分之一秒到数万年范围内的寿命。

我提供一些数字供来参考。第 36 节的例子中提到的 W/kT,即

$$\frac{W}{kT}=30,\ 50,\ 60$$

分别产生的寿命是

1/10 秒,16 个月,30000 年。

在室温下对应的阈值分别为

0.9，1.5，1.8电子伏。

必须解释一下"电子伏"这个单位，它对物理学家很方便，因为我们可以在脑海中对它进行设想。例如第三个数（1.8）是指，被2伏左右的电压加速的电子所获得的能量正好足以通过碰撞而引起跃迁（作为比较，一个普通袖珍手电筒的电池有3伏）。

这些考虑使我们可以设想，由振动能的偶然涨落所产生的分子某个部分构形的一种同分异构变化，实际上可能是非常罕有的事件，可以将它解释为一次自发突变。于是，根据量子力学的这些原理，我们解释了关于突变最令人吃惊的事实，它使德弗里斯第一次注意到了突变，这个事实就是：突变是不出现中间形式的"跳跃式"变异。

48. 自然选择的基因的稳定性

既已发现任何种类的电离射线都会引起自然突变率的增加，我们也许会认为自然突变起因于土壤和空气中的放射性以及宇宙射线。然而，与X射线的结果作定量比较便可发现，"自然辐射"太弱了，只能解释自然突变率的一小部分。

倘若我们不得不通过热运动的偶然涨落来解释罕见的自然突变，我们就不会惊讶于自然界已对阈值作了成功的微妙选择，使突变必然是罕见的。因为在前几节中我们已经断言，频繁的突变对进化是有害的。对于那些通过突变而获得一种不很稳定的基因构形的个体，它们"极端激进的"（ultra-radical）迅速突变的后代很难有机会长期生存下去。该物种将会抛弃这些个体，并通过自然选择将稳定的基因收集起来。

49. 突变体有时较低的稳定性

但我们当然不能指望在繁育试验中出现的、被我们选来研究突变体后代的那些突变体都能表现出很高的稳定性。它们可能因为突变率太高而没有经受住"考验"——或者虽然经受住了"考验"，但在野外繁殖中被"抛弃"了。无论如何，当我们得知有些突变体的突变率确比正常的"野生"基因高得多时，我们一点也不感到惊讶。

50. 温度对不稳定基因的影响小于对稳定基因的影响

这使我们能够检验我们的突变律公式：

$$t=\tau e^{W/kT}$$

（我们还记得，t 是阈能为 W 的突变的期待时间。）我们的问题是：t 是如何随温度变化的？从以上公式中很容易找到温度为 $T+10$ 时的 t 值与温度为 T 时的 t 值之比的很好的近似值

$$\frac{{}^tT+10}{{}^tT}=e^{-10W/kT^2}$$

指数为负，比值当然小于 1。升高温度可以减小期待时间，突变率就增加。这是可以检验的，而且已经在耐受的温度范围内用果

蝇作了检验。初看起来，结果是令人惊讶的。野生基因的低突变率被明显提高，而一些已经发生突变的基因的较高突变率却没有增加，或者增加很少。这恰恰是我们比较两个公式时的预期。根据第一个公式，要使 t 很大（稳定的基因），W/kT 的值就要很大；而根据第二个公式，W/kT 的值增大了，就会使算出来的比值减小，也就是说，突变率将随着温度有相当的提高。（实际比值似乎介于 1/2 到 1/5 之间。其倒数 2-5 是普通化学反应中所说的范特霍夫［van't Hoff］因子。）

51. X 射线是如何产生突变的

现在转到 X 射线引起的突变率，根据繁育试验我们已经推出：第一（根据突变率和剂量的比例关系），某个单一事件引起了突变；第二（根据定量结果，以及突变率取决于累积的电离密度而与波长无关），为了产生特定的突变，此单一事件必定是电离作用或类似的过程，它必须发生在边长大约只有 10 个原子距离的立方体的体积之内。根据我们的描述，克服阈值的能量必定是由电离或激发这样的爆炸式过程所提供的。我称它为爆炸式过程，是因为一次电离作用所消耗的能量（顺便说一句，这并不是 X 射线本身消耗的，而是它产生的次级电子消耗的）有 30 个电子伏，众所周知这是相当大的。它必定变成了放电点周围大大增加的热运动，并以一种"热波"（原子强烈振动的波）形式从那里散发出来。这种热波仍然能够在大约 10 个原子距离的平均"作用范围"内提供所需的一两个电子伏的阈能，这并非无法

第五章 对德尔布吕克模型的讨论和检验

设想,尽管一位没有偏见的物理学家也许会预见到一个略小的作用范围。在许多情况下,爆炸的效应将不是一种有秩序的异构跃迁,而是染色体的一种损伤。如果通过巧妙的杂交,使未受损伤的那条染色体(即第二套染色体中与受损伤的染色体配对的那一条)被相应基因是病态的一条染色体所替换,那么这种损伤就是致死的。所有这一切都可以预期,而且正是我们所观察到的。

52. X 射线的效率并不依赖于自发突变性

还有其他许多特性,即使无法根据以上描述预言出来,也是很容易理解的。例如,不稳定突变体的 X 射线突变率一般来说并不比稳定的突变体高很多。例如,不能期望提供 30 电子伏能量的爆炸会造成很大差别,无论所需的阈能多一点还是少一点,比如 1 伏或 1.3 伏。

53. 回复突变

有时,跃迁是沿两个方向来研究的,比如从某个"野生"基因变到一个特定的突变体,再从那个突变体变回到野生基因。在这些情况下,自然突变率有时近乎相等,有时则很不相同。初看起来这很让人困惑,因为这两种情况下所要克服的阈能似乎是相等的。但它当然不必是这种情况,因为必须从初始构形的能级来度量它,而野生基因和突变基因的这一能级可能是不同的。

（见图12，其中可认为"1"是野生等位基因，"2"是突变基因，其较低的稳定性用短箭头来表示。）

  总之，我认为德尔布吕克的"模型"是经得起检验的，我们有理由在进一步的研究中使用它。

第六章 有序、无序和熵

> 身体不能决定心灵去思考,心灵也不能决定身体去运动、静止或从事其他活动。
>
> ——斯宾诺莎,《伦理学》,第三部分,命题 2

54. 从模型得出的一个值得注意的一般结论

让我引用第 46 节最后一句话,当时我试图说明,基因的分子图使我们至少可以设想,"微型密码精确对应于一个极为复杂的特定的发育计划,并且包含着使密码起作用的途径"。那么,它是如何做到这一点的呢?我们如何从"可以设想"转变为真正理解呢?

德尔布吕克的分子模型因其完全的一般性,似乎没有暗示遗传物质是如何起作用的。事实上,我并不指望物理学能在不久的将来对这个问题提供任何详细信息。在生理学和遗传学指导下的生物化学正在推进这个问题的研究,我相信这种推进还会继续。

根据上述对遗传物质结构的一般描述,显然还无法给出关于遗传机制如何运作的详细信息。但很奇怪,由此恰恰可以得出一个一般性的结论,我承认,这正是我写这本书的唯一动机。

从德尔布吕克对遗传物质的一般描述可以看出,生命物质虽然遵循业已确立的"物理定律",但可能还涉及尚不为人所知的"其他物理定律",这些定律一旦被揭示出来,将和以前的定律一样,成为这门科学必不可少的组成部分。

55. 基于秩序的秩序

这种思路相当微妙,在不止一个方面容易招致误解。本书余下的部分就是要澄清这一思路。由以下思考可以看出一种粗浅但并不完全错误的初步见解:

第一章已经说明,我们所知道的物理定律全都是统计学定律。[①] 它们与事物走向无序状态的自然倾向密切相关。

然而,要使遗传物质的高度持久性与它的微小尺寸协调一致,就必须通过"发明分子"来避免无序的倾向。事实上,这种分子大得异乎寻常,必定是高度分化的秩序的杰作,受到了量子论魔法的保护。机会的法则并没有因这种"发明"而失效,只是结果被修改了。物理学家都知道,经典物理学定律已经被量子论修改了,尤其是低温情况下。这样的例子有很多。生命似乎就是其中一例,而且特别引人注目。生命似乎是物质的有序和有规律的行为,它不是完全基于从有序走向无序的倾向,而是部分基于得到保持的现存秩序。

---

① 像这样以完全的一般性来言说"物理定律"也许是可以质疑的。我们将在第七章讨论这一点。

第六章 有序、无序和熵

对于物理学家——仅仅是对他——来说，我希望这样来澄清我的观点：生命有机体似乎是一个宏观系统，它的一部分行为接近于纯机械行为（与热力学行为相反），随着温度趋近绝对零度，分子的无序被消除，所有系统都将趋向于这种行为。

非物理学家觉得很难相信，被他视为高度精确之典范的日常物理定律，竟然以物质走向无序状态的统计学倾向为基础。我在第一章已经举过例子。其中涉及的一般原理就是著名的热力学第二定律（熵原理）及其同样著名的统计学基础。我将在第56到60节中简要概述熵原理对生命有机体宏观行为的意义——请暂时忘掉关于染色体、遗传等等所了解的一切。

56. 生命物质避免了向平衡衰退

生命的典型特征是什么？一块物质什么时候可以说是活的呢？回答是当它继续"做某种事情"，运动，与环境交换物质等等的时候，而且可以指望它比无生命物质在类似情况下"持续下去"的时间要长得多。当一个不是活的系统被孤立出来或者被置于均匀的环境中时，由于各种摩擦力的影响，所有运动通常都很快静止下来；电势或化学势的差别消失了，倾向于形成化合物的物质也是如此，温度因热传导而变得均一。此后，整个系统逐渐衰退成一块死寂的、惰性的物质，达到一种持久不变的状态，可观察的事件不再出现。物理学家把这种状态称为热力学平衡或"最大熵"。

实际上，这种状态通常很快就会达到。从理论上讲，它往往还不是一种绝对平衡,还不是真正的最大熵。但最后趋近平衡的过程非常缓慢,可能是几小时、几年、几个世纪……。举个趋近平衡还算比较快的例子:倘若一只玻璃杯盛满清水,第二只玻璃杯盛满糖水,把它们放入一个密封的恒温箱中。起初好像什么也没有发生,产生了完全平衡的印象。但过了一天左右的时间,可以发现清水由于蒸汽压较高,慢慢蒸发出来并凝聚在糖溶液上。糖溶液溢出来了。只有当清水全部蒸发后,糖才实现了均匀分布于所有水中的目的。

绝不能误把这类最终缓慢趋向平衡的过程当作生命,这里可以不去理会。我提到它只是为了避免有人指责我不够准确。

57. 以"负熵"为生

有机体能够避免很快衰退为惰性的"平衡"态,这似乎成了难解之谜,以至于从很早的时候开始,人类就曾声称有某种特殊的非物理的或超自然的力("活力","隐得来希")在有机体中起作用,现在仍然有人这样主张。

生命有机体是如何避免衰退的呢?一个显而易见的回答是:通过吃、喝、呼吸以及(植物的)同化。专业术语叫"新陈代谢"(metabolism)。这个词来自希腊词 μεταβάλλειν,意为"变化"或"交换"。交换什么呢?最初的基本观点无疑是物质交换(例如,新陈代谢所对应的德文词 Stoffwechsel 的字面含义就是物质交换)。认为物质交换应该是本质性的,这种看法是荒谬的。任何一个氮原子、氧原子、硫原子等等和其他任何一个氮原子、氧原

第六章 有序、无序和熵

子、硫原子都是一样的,交换它们能得到什么呢?曾有人对我们说,我们是以能量为生的,这暂时平息了我们的好奇心。在一些发达国家(我记不清是德国还是美国,或者两个国家都是)的饭馆里,你会发现菜单上除价目外还标明了每道菜的能量含量。不用说,这实在很荒唐。对于一个成年有机体来说,能量含量和物质含量一样都是固定不变的。既然任何一个卡路里与其他任何一个卡路里的价值是一样的,我们确实看不出单纯的交换有什么用处。

那么,我们的食物中到底含有什么宝贵的东西使我们能够免于死亡呢?这个问题很容易回答。每一个过程、事件、偶然发生的事——无论叫它什么,简言之,自然界中正在发生的一切,都意味着它在其中发生的那部分世界的熵的增加。因此,生命有机体在不断增加自己的熵——或者可以说是在产生正熵——从而趋向于危险的最大熵状态,那就是死亡。要想摆脱死亡或者活着,只有从环境中不断吸取负熵——我们很快就会明白,负熵是非常正面的东西。有机体正是以负熵为生的。或者不那么悖谬地说,新陈代谢的本质是使有机体成功消除了它活着时不得不产生的所有熵。

58. 熵是什么?

熵是什么?我首先要强调,这并不是一种模糊的概念或观念,而是一个可测量的物理量,就像棍棒的长度,物体上任何一点的温度,某种晶体的熔化热,或者某种物质的比热那样。温度处于绝对零度时（约为 –273℃），任何物质的熵都是零。如果通过缓慢而可逆的微小步骤使物质进入另一种状态（即使物质因此而改变了物理性质或化学性质，或者分裂成两个或两个以上物理或化学性质不同的部分），则熵增的量可以这样计算：用过程的每一小步必须提供的热量除以提供热量时的绝对温度，再把所有这些小的贡献加起来。举一个例子，当你熔化一种固体时，其熵增就是熔化热除以熔点温度。由此可以看出，测量熵的单位是卡/℃（就像卡是热量的单位或厘米是长度的单位一样）。

59. 熵的统计学意义

我提到熵这个术语的专业定义，只不过是为了驱除经常笼罩在它周围的神秘气氛。这里对我们来说更重要的是熵对于有序和无序这一统计学概念的意义，玻尔兹曼和吉布斯（Gibbs）在统计物理学方面的研究已经揭示了它们之间的关系。这也是一种精确的定量关系，可以表达为：

$$熵 = k \log D$$

其中 k 是所谓的玻尔兹曼常数（$=3.2983 \times 10^{-24}$ 卡/℃），D 是对相关物体原子无序性的定量量度。用简短的非专业术语对 D 这个量做出精确的解释几乎是不可能的。它所表示的无序，一部分是热运动的无序，另一部分则来自随机混合而不是清楚分开的不同种类的原子或分子，例如前引例子中的糖和水分子。这个例子可以很好地说明玻尔兹曼方程。糖逐渐"扩散"于所有水中就增加了无序性 D，从而增加了熵（因为 D 的对数随着 D 的增加而增加)。同样清楚的是,提供任何热量都会增加热运动的混乱,也就是说增加了 D,从而增加了熵。为什么是这样呢?看看下面的例子就会清楚了:当你熔化一种晶体时,你破坏了原子或分子整齐而持久的排列,把晶格变成了一种连续变化的随机分布。

一个孤立系统或处于均匀环境中的系统(为了目前的研究,最好把环境作为我们考虑的系统的一部分)的熵在增加,并且或快或慢地接近于最大熵的惰性状态。我们现在认识到,这个基本的物理学定律正是,除非我们事先避免,否则事物会自然趋向于混乱状态(这种倾向等同于图书馆的书籍或写字台上堆放的纸张手稿所表现出的倾向。在这种情况下,与不规则的热运动相类似的是,我们时不时去拿那些图书和稿件,却没有费心把它们放到合适的地方。)

60. 从环境中吸取"秩序"来维持组织

如何通过统计学理论来表达生命有机体推迟趋向热力学平衡(死亡)的衰退的奇妙能力呢?我们在前面说过:"以负熵为生"。生命有机体仿佛是把负熵之流引向自身,以抵消它在生活中产生的熵增,从而使其自身维持在稳定的低熵水平上。

假定 D 是对无序的度量,其倒数 1/D 可以被看成对有序的一个直接度量。由于 1/D 的对数恰好是 D 的对数的负值,所以玻尔兹曼方程可以写成:

$$-(熵) = k \log(1/D)$$

因此,"负熵"这一笨拙表达可以换成一种更好的说法:取负号的熵是对有序的一种量度。于是,一个有机体使自身稳定在较高有序水平(等于较低的熵的水平)的策略其实在于从其环境中不断吸取秩序。这一结论并没有像它初看起来那样悖谬,但可能会因为平凡而受到责难。事实上,我们很清楚高等动物赖以为生的这种秩序,亦即给它们充当食物的较为复杂的有机化合物中那种极为有序的物质状态。利用这些食物之后,动物返还的是大大降解的东西——不过不是完全降解,因为植物仍然可以利用它。(当然,植物从日光中获得了最大的"负熵"供应。)

关于第六章的注

关于负熵的说法遭到过物理学家同事的怀疑和反对。我首先要说,如果只是为了迎合他们,我就会转而讨论自由能了。在这一语境中,它是更为人所熟知的概念。但这个十分专业的术语在语言学上似乎与能量太过接近,致使一般读者无法察觉两者的区别。他可能会把"自由"理解成没有多大关系的一个修饰词。然而实际上,这是一个相当复杂的概念,要找出它与玻尔兹曼的有序-无序原理的关系,并不见得比用熵和"带负号的熵"(顺便说一句,熵和负熵并不是我的发明)来得更容易。它恰好是玻尔兹曼最初论证的关键。

但西蒙(F. Simon)非常中肯地向我指出,我那些简单的热力学思考还不能说明,我们赖以为生的为什么是"较为复杂的有机化合物中那种极为有序状态"下的物质,而不是木炭或金刚石矿浆。他是对的。但我必须向普通读者解释一下,正如物理学家所知道的,一块没有烧过的煤或

第六章 有序、无序和熵

金刚石连同燃烧时所需的氧,也处于一种极为有序的状态。对此的证明是,煤在燃烧过程中会产生大量的热。通过把热散发到周围环境中,系统就处理掉了因反应而引起的大量熵增,并且达到了与以前大致相同的熵的状态。

然而,我们无法以反应生成的二氧化碳为生。所以西蒙非常正确地向我指出,我们食物中所含的能量的确很重要;因此,我对菜单标明食物能量的嘲笑是不适当的。不仅我们身体消耗的机械能需要补充能量,我们向周围环境不断散发热也需要补充能量。我们散发热不是偶然的,而是必不可少的。因为我们正是以这种方式处理掉了我们物质生命过程中不断产生的多余的熵。

这似乎暗示,温血动物的较高体温有利于较快地除去熵,因此能够产生更强烈的生命过程。我不敢肯定这一论证中有多少正确的成分(对此应该负责的是我,而不是西蒙)。人们可以反对说,有许多温血动物都用皮毛来防止热的迅速散失。因此,我相信存在的体温与"生命强度"之间的平行也许可以用第 50 节末尾提到的范特霍夫定律来更直接地解释:较高温度本身加速了生命活动中的化学反应。(事实确是如此,这在以周围环境温度为体温的物种身上已经有了实验验证)

第七章　生命以物理定律为基础吗？

> 如果一个人从不自相矛盾，那一定是因为他实际上什么也不说。
>
> ——乌纳穆诺（引自谈话）

61. 有机体可望有新的定律

简而言之，我在这最后一章希望阐明的是，根据我们对生命物质结构的所有了解，我们一定会发现其运作方式无法归结为普通的物理学定律。这不是因为是否有某种"新的力"在支配着生命有机体中单一原子的行为，而是因为它的构造与迄今为止我们在物理实验室中检验过的任何东西都不一样。粗浅地说，一位只熟悉热机的工程师在检查了一台电动机的构造之后，会发现它是按照他尚不了解的原理运转的。他发现，他很熟悉的制壶用的铜，在这里成了很长的铜丝绕成的线圈；他很熟悉的制杠杆、栅栏和汽缸的铁，在这里却填充于那些铜线圈内部。他确信这是同样的铜和同样的铁，服从于同样的自然定律，在这一点上他是对的。但不同的构造却使他期待着一种完全不同的运作方式。他不会认为电动机是由幽灵驱动的,尽管它没有锅炉和蒸汽,只需按下开关便会运转起来。

62. 评述生物学状况

在有机体的生命周期里展开的事件显示出一种美妙的规律性和秩序性,我们在无生命物质那里碰到的任何东西都无法与之匹敌。我们发现它是由一种极为有序的原子团所控制的,在每一个细胞中,这种原子团只占原子总数的很小一部分。而且,根据我们业已形成的关于突变机制的看法,我们断定,在生殖细胞的"支配性原子"团里,只要少数原子的位置发生移动,就能使有机体的宏观遗传性状出现明确改变。

这些事实无疑是当今科学所揭示的最有趣的东西。我们最终也许会发现它们并非完全不可接受。有机体将"秩序之流"集中于它自身,从而避免衰退为混乱的原子,这种从合适的环境中"吸取秩序"的惊人天赋似乎与"非周期性固体"即染色体分子的存在有关。凭借着每一个原子和原子团各自发挥作用,这些分子无疑代表着已知的有序度最高的原子集合体,其有序度远比普通的周期性晶体高得多。

简而言之,我们看到现存秩序显示出维持自身和产生有序事件的能力。这种说法听起来似乎很有道理。但之所以如此,无疑是因为我们吸取了关于社会组织和与有机体活动有关的其他事件的经验。因此,它有点像循环论证。

63. 综述物理学状况

　　无论如何，必须反复强调，对于物理学家来说，这一事态不仅不是貌似有理，而且非常振奋人心，因为它是前所未有的。与通常的看法相反，受物理定律支配的事件的规则进程绝非源于原子的一种有序构形——除非原子构形多次重复自身，就像在周期性晶体或者由大量全同分子组成的液体或气体中那样。

　　甚至当化学家离体研究一种非常复杂的分子时，他也总是面对着大量相似的分子。他的定律适用于这些分子。例如他会告诉你，某个反应开始一分钟之后，会有一半分子起反应，两分钟之后会有 3/4 的分子起反应。但即使你可以追踪某个分子的进程，化学家也无法预言这个分子是属于已经起反应的分子，还是属于未起反应的分子。这纯粹是机会的问题。

　　这并不是一种纯理论的猜测。也不是说我们永远无法观察到单个原子团甚至是单个原子的命运。有时我们是能够做到的。但只要我们这样做，就会发现完全的不规则性，只有平均来看才能共同产生规则性。我们曾在第一章讨论过一个例子。悬浮在液体中的一颗微粒的布朗运动是完全不规则的。但如果有许多类似的微粒，它们的不规则运动将会引起规则的扩散现象。

　　单个放射性原子的蜕变是可以观察到的（它发射出一粒"子弹"，在荧光屏上会产生一次可见的闪烁）。但如果给你一个放射性原子，它的可能寿命要比一只健康的麻雀不确定得多。事实上，关于单个放射性原子只能说：只要它活着（可能是数千年），它在下一秒钟毁灭的机会（无论是大是小）就总是相同的。然而，这种个体决定性的明显缺乏却使得大量同一种放射性原子的衰变服从于精确的指数定律。

64. 明显的对比

在生物学中，我们面临着完全不同的状况。只存在于一个副本中的单个原子团产生了有秩序的事件，根据非常微妙的法则，它们相互之间以及与环境之间奇妙地协调一致。我说只存在于一个副本中，是因为我们毕竟还有卵子和单细胞有机体这样的例子。在高等有机体随后的阶段中，副本的确增多了。但增加到什么程度呢？据我所知，在长成的哺乳动物中约为 10^{14} 次方。那是多少呢？只有 1 立方英寸空气中分子数目的百万分之一。数量虽然相当大，但聚集起来只能形成一小滴液体。再看看它们的实际分布。每一个细胞正好容纳了一个副本（如果考虑二倍体，那么是两个副本）。既然我们知道这个微小的中央机关在孤立细胞中的权力，那么，每个细胞难道不像遍布全身的、用共同的密码非常方便地互通信息的地方政府工作站吗？

这真是令人难以置信，说这话的人更有可能成为诗人而不是科学家。然而，无须诗意的想象，只需认真而清晰的科学反思即可认识到，我们这里显然面对的是这样一些事件，指导其规则有序展开的"机制"完全不同于物理学的"概率机制"。我们观察到的事实是：每一个细胞中的指导原则体现在仅存于一份（有时是两份）副本中的单个原子集合体之中，而且由这一指导原则产生了高度有序的事件。一个很小但却高度组织化的原子团能以这种方式起作用,无论我们对此感到惊异还是认为很有道理,这都是前所未见的情况,我们只在生命物质这里知道它。研究无生命物质的物理学家和化学家们从未见过必须按照这种方式来解释的现象。这种事例以前没有出现,所以我们的理论没有包括它——我们美妙的统计学理论很值得自豪,因为它使我们看到了幕后的东西,看到了从原子和分子的无序中涌现出来的精确物理定律的美妙秩序;它还表明,最为重要和普遍的无所不包的熵增定律无须特设性假说就可以理解,因为熵只不过是分子的无序罢了。

65. 产生有序的两种方式

在生命展开过程中遇到的有序出自一个不同的来源。有序事件的产生似乎有两种不同的"机制":"有序来自无序"的"统计学机制"和"有序来自有序"的新机制。对于没有偏见的人来说,第二条原理似乎要简单和合理得多。无疑是这样。正因为如此,物理学家才会充满自豪地赞成另一条原理,即"有序来自无序"。自然界实际遵循着这条原理,而且只有它使我们理解了自然事件的发展线索,首先是自然事件的不可逆性。但我们不能指望由此得出的"物理定律"能够直接解释生命物质的行为,因为后者最显著的特征显然主要基于"有序来自有序"这一原理。不能指望两种完全不同的机制会引出同一种定律,正如你不能指望用你的弹簧锁钥匙去开你邻居的门。

因此，我们不必因为普通的物理定律难以解释生命而泄气。因为根据我们对生命物质结构的了解，这正是预料之中的事。我们必须准备去发现在生命物质中占支配地位的一种新的物理定律。如果不把这种定律称为超物理定律，可否称之为一种非物理定律呢？

66. 新原理并不违反物理学

不，我不这么认为。因为这条新原理是真正物理学的原理：在我看来，它只不过再次是量子论原理罢了。要想解释这一点，我们不得不说得详细一些，即使不是修正，也要对前面断言的"所有物理定律都建立在统计学的基础之上"作一番改良。

这个一再做出的断言不可能不引起矛盾。因为确实有一些现象，其突出特征是直接基于"有序来自有序"的原理，似乎与统计学和分子的无序毫无关系。

太阳系的秩序和行星的运动几乎被无限期地维持着。此刻的星座与金字塔时代任一时刻的星座是直接相关的；从现在的星座可以追溯到那时的星座，反过来也是如此。人们计算过历史上的日月食，发现结果与历史记录非常符合，在某些情况下甚至可以用来校正业已接受的年表。这些计算并不包括任何统计学，它们纯粹是以牛顿的万有引力定律为基础的。

一个精确的时钟或者任何类似的机械装置的规则运动似乎也与统计学无关。简而言之，所有纯粹机械的事件似乎都明确而直接地遵循着"有序来自有序"的原理。必须从广义上来理解我们这里所说的"机械"。我们知道,有一种非常有用的时钟是通过电站规则地输送电脉冲来运转的。

我记得马克斯·普朗克就"动力学类型和统计学类型的定律"这一主题写过一篇很有意思的小论文(德文是"Dynamische und Statistische Gesetzmässigkeit")。两者之间的区别恰恰就是我们这里所谓的"有序来自有序"和"有序来自无序"。那篇论文旨在表明,控制宏观事件的统计学类型的定律是如何由据说支配着微观事件即单原子与单分子之间相互作用的"动力学"定律所构成的。行星或时钟的运动等宏观机械现象说明了后一类型的定律。

于是,被我们一本正经地当作理解生命的真正线索的"新"原理,即"有序来自有序"的原理,对物理学来说根本不是什么新东西。普朗克甚至还亮出了证明其优先权的态度。我们似乎得出了一个可笑的结论:理解生命的线索是,生命建立在纯粹机械论的基础之上,是普朗克论文中那种意义上的"钟表装置"。在我看来,这一结论既不可笑,也并非全错,但不可全信。

67. 时钟的运动

让我们准确地分析一下实际时钟的运动。它绝不是一种纯粹机械的现象。纯粹的机械钟将不需要发条,也不需要上发条。它一旦开始运动,就会永远运动下去。而实际的时钟如果没有发

第七章　生命以物理定律为基础吗？

条，摆动几下就会停止下来，它的机械能被转化为热能。这是一种无限复杂的原子过程。物理学家对这种运动的一般描述迫使其承认，相反的过程并非完全不可能：无发条的时钟通过消耗其自身齿轮的热能和环境的热能，可能会突然开始走动。物理学家一定会说：时钟经历了一次异常强烈的布朗运动猝发。我们在第一章（第9节）已经看到，用一种非常灵敏的扭力天平（静电计或电流计）就能发现这种事情一直在发生。对于时钟来说，这当然是极不可能的。

应把时钟的运动归于动力学类型的还是统计学类型的合定律事件（借用普朗克的表述），这取决于我们的态度。称它为一种动力学现象时，我们的注意力是集中在了用一根较松的发条就能保证的规则运转上，这根发条克服了热运动所引起的微小扰动，所以我们可以忽略不计。但如果我们还记得，没有发条，时钟就会因为摩擦阻力而逐渐停摆，那么我们就会发现，只能把这一过程理解为一种统计学现象。

无论从实际的观点看，时钟中的摩擦效应和热效应是多么无关紧要，并未忽视这些效应的第二种看法无疑是更基本的一种看法，即使当我们面对着由发条驱动的时钟的规则运动时也是如此。因为绝不能认为驱动机制真的消除了过程的统计学性质。真正的物理学描述包括这样一种可能性：即使是一台正常运行的时钟，也可能通过消耗环境中的热能，突然使它的运动逆转，并且后退回去重新上紧自己的发条。这种事件的可能性甚至比没有驱动装置的时钟的"布朗运动猝发"还要小一点。

68. 钟表装置终究是统计学的

现在我们做些评论。我们分析过的"简单"情形是其他许多例子的代表——事实上，它代表着避开了无所不包的分子统计学原理的所有那些情形。由实际物质（不是想象中的东西）制成的钟表装置并非真正的"钟表装置"。机会的要素可能被或多或少地减少了，时钟突然之间完全走错的可能性也许是无限小的，但总是保存在幕后。即使在天体运动中，也不是没有摩擦和热的不可逆影响。于是，地球的旋转因为潮汐的摩擦而逐渐减慢，与这种减慢相伴随的是月球逐渐远离地球，倘若地球是一个完全刚性的旋转球体，这种情况就不会发生。

然而，"物理钟表装置"仍然清楚地显示了非常突出的"有序来自有序"特征——物理学家在有机体中碰到这种特征时非常振奋。这两种情形可能终究是有某种共同之处的。至于这种共同之处是什么，以及是什么明显区别使得有机体的情形成为新奇的和前所未见的，这还有待于认识。

69. 能斯特定理

一个物理系统——任何种类的原子结合体——何时会显示出（普朗克意义上的）"动力学定律"或"钟表装置的特征"呢？关于这个问题，量子论有一个非常简短的回答：在绝对零度。接近绝对零度时，分子的无序不再对物理学事件有任何影响。顺便说一句，这个事实并不是通过理论而发现的，而是通过认真研究广泛温度范围内的化学反应，再把结果外推到实际上无法达到的绝对零度而发现的。这就是瓦尔特·能斯特（Walther Nernst）著名的"热定理"，它有时被不无恰当地誉为"热力学第三定律"（第一定律是能量原理，第二定律是熵原理）。

量子论为能斯特的经验定律提供了理性"基础"，也使我们能够估计出，一个系统为了显示出一种近似于"动力学"的行为必须接近绝对零度到什么程度。在任何一种具体情形中，什么温度实际上等同于绝对零度呢？

千万不要以为这个温度一定是极低的低温。事实上，即使在室温下，熵在许多化学反应中也起着极其微不足道的作用，能斯特的发现正是由这一事实引出的。（我再重复一次，熵是分子无序性的直接量度，即它的对数。）

70. 摆钟实际上是在零度

那么摆钟的情况如何呢？对于摆钟来说，室温实际上就等同于零度。这就是为什么它是"动力学地"工作的原因。如果将它冷却，它会一样地继续工作（只要已经除去了所有油渍）！但如果把它加热到室温以上，它就不再继续工作了，因为它最终将会熔化。

71. 钟表装置与有机体之间的关系

这看起来似乎无关紧要，但我认为它切中了要害。钟表装置之所以能够"动力学地"工作，是因为它由固体构成，这些固体被伦敦－海特勒力保持为一定的形状，在常温下这种力足以避免热运动的无序倾向。

现在我认为有必要再讲几句话来揭示钟表装置与有机体的相似之处，那就是：有机体也是依靠一种固体（形成遗传物质的非周期性晶体）而大大摆脱了热运动的无序。但请不要指责我把染色体纤维称为"有机体机器的齿轮"——至少没有不考虑这则比喻所基于的深刻的物理学理论。

事实上，用不着多少修辞就能说明两者之间的基本区别，并且证明这种比喻在生物学情形中是新奇和前所未有的。

最显著的特征是：首先，齿轮奇特地分布在一个多细胞有机体之中，关于这一点可参见我在第 64 节中所做的带有诗意的描述；其次，这种单个的齿轮并非粗糙的人工制品，而是沿着上帝的量子力学路线所完成的最为精美的杰作。

后记：决定论与自由意志

我已经平心静气地（sina ira et studio）认真阐述了我们问题的纯科学方面，作为对这种努力的报偿，请允许我对这个问题的哲学含义补充一些个人看法，这当然是主观的看法。

根据前面提出的证据，在一个生物体中发生的时空事件，无论对应于它的心灵活动还是对应于它的意识活动或任何其他活动，（考虑到它们的复杂结构和业已接受的物理化学统计解释，）即使不是严格决定的，无论如何也是统计地决定的。我要向物理学家强调，和某些人所持的观点相反，在我看来，量子不确定性在这些时空事件中是起不了什么生物学作用的，也许除非是在减数分裂、自然突变和X射线诱发突变等一些事件中，由于提高了这些时空事件的纯粹偶然性，量子不确定性才会起作用——这在任何情况下都是明显的和得到公认的。

为了进行论证，请允许我把这一点当作事实。倘若没有关于"宣称自己是纯粹的机械装置"的那种人所共知的不愉快感受，我相信每一位没有偏见的生物学家都会这样看的，因为这种说法被认为与直接内省所证明的自由意志相矛盾。

但直接经验本身，无论有多么千差万别和多种多样，在逻辑上却不可能相互矛盾。因此，让我们看看能否由以下两个前提引出正确的不矛盾结论：

（1）我的身体作为一台纯粹的机械装置起作用，遵循着自然定律。

（2）然而，我根据无可争议的直接经验可以知道，我正在指导身体的运动，并能预见其结果，这些结果可能至关重要和具有决定性，在那种情况下我感到要对结果负全部责任。

我认为，由这两个事实唯一可能得出的推论是，我——最广意义上的我，也就是说，曾经说过"我"或者感觉到"我"的每一个有意识的心灵——是那个按照自然定律控制着"原子运动"的人，如果有这样的人的话。

在一个文化圈（Kulturkreis）中，有些概念（在其他民族中曾经有或者仍然有更广的含义）已经受到了限定并且变得专门化，用所要求的简单措词来表达这个结论是鲁莽的。用基督教的术语说"因此我是万能的上帝"，这话听起来是渎神而狂妄的。不过请暂时不去理会这些涵义，先考虑一下上述推论是否最接近于使生物学家能够一举证明上帝存在和灵魂不朽。

这种见解本身并不是新的。据我所知，最早的记载可以追溯到大约 2500 年前甚至更早。根据早期伟大的《奥义书》，阿特曼（ATHMAN）= 梵（BRAHMAN）（即个人的自我等于无所不在、无所不包的永恒自我），这种认识在印度思想中根本不被视为渎神，而是代表了对世间万事万物最深刻的洞见之精髓。所有吠檀多学者在学会说这句话之后，都努力把这个最伟大的思想真正吸收到其心灵之中。

后记:决定论与自由意志

此外,许多个世纪以来的神秘主义者,彼此独立但又完全和谐地(有点像理想气体中的粒子)描述了每个人一生中的独特体验。他们的说法可以概括成一句话:我已成为神(DEUS FACTUS SUM)。

对于西方的意识形态来说,这种思想仍然是陌生的,尽管叔本华等人支持这种思想,尽管真正的情侣彼此凝望双眸时,会意识到他们的思想和他们的喜悦在数目上是一——不仅仅是相似或相同;但他们在感情上一般过于激动而不能清晰地思考,在这方面他们很像神秘主义者。

请允许我再作一些评论。意识从来不以复数被经验,而只以单数被经验。即使在意识分裂或双重人格这样的病理事例中,两个人格也是交替出现的,而绝不是同时出现的。虽然我们在梦中可以同时扮演若干角色,但并非不加分辨地扮演:我们总是其中的一个;我们总是以这个角色的身份直接行动和说话,同时又常常热切期待另一个人的回答或反应,而不知道正是我们控制了他的言行,就像控制我们自己的言行一样。

"多"这一观念(奥义书作者着重反对这种观念)究竟是如何产生的呢?意识发觉它自身与一个有限区域内的物质即身体的物理状态密切相关,并且依赖于它。(想一想心灵在青春、成年、衰老等身体发育时期的变化,或者发烧、醉酒、麻醉和大脑损伤等情况的影响。)由于存在着大量相似的身体,因此,意识或心灵变成"多"似乎是一个非常有启发性的假说。或许所有单纯质朴的人以及大多数西方哲学家都曾接受过这一假说。

它几乎立即就导致灵魂被发明出来，有多少个身体就有多少个灵魂，同时也导致了这样的问题：灵魂是像身体那样会死，还是能够依靠自身而永远存在下去。前一选项令人厌恶，而后一选项则径直忘记、忽视或否认了复多性（plurality）假说所基于的事实。还有一些更傻的问题，比如动物也有灵魂吗？甚至还有人问，女人是否有灵魂，或者是否只有男人才有灵魂？

这些推论虽然还只是试探性的，但一定会使我们对复多性假说产生怀疑，该假说是所有官方西方教义共同遵守的。如果在抛弃明显的迷信时保留其灵魂复多性的素朴观念，但又通过宣称灵魂有死、会随同各自的身体一起消灭来"修补"这一观念，那么我们难道不是在倾向于更大的谬论吗？

唯一可能的选择是完全信守直接经验，即意识是单数的，复数的意识是未知的；只存在一种东西，看起来像多的东西其实只是由幻（梵文是 MAJA）产生的这一种东西的一系列不同方面而已。在有很多面镜子的房间里也会产生同样的幻境。同样道理，高里三喀峰（Gaurisankar）和珠穆朗玛峰只不过是从不同山谷看到的同一个山峰而已。

当然，有许多精心构思的怪诞故事盘踞在我们心中，妨碍我们去接受这种简单的认识。比如，据说我的窗外有一棵树，但我其实并没有看到这棵树。通过某种狡猾的策略，这棵真正的树把它自身的一个意象投入我的意识之中，那就是我所知觉的东西，而关于这种狡猾的策略，只有最初的比较简单的几步得到了探索。如果你站在我的旁边看同一棵树，树也会把一个意象投入你的灵魂中。我看到的是我的树,你看到的是你的树(非常像我的树),而这棵树本身是什么,我们并不知道。对于这种极端的说法,康德是有责任的。在认为意识只有单数的那类观念中,可以很方便地把它换成这样一种说法:显然只有一棵树,所谓意象之类不过是一种怪诞的说法而已。

然而,我们每个人都有一种无可争辩的印象,即他自身经验和记忆的总和形成了一个与任何其他人迥异的统一体。他把它叫作"我"。可是,这个"我"又是什么呢?

我认为,如果仔细分析一下,你会发现它只不过比单个材料(single data)的集合(经验和记忆)略多一些,也就是说,它是一张画布,在它上面聚集了这些材料。经过认真的内省,你会发现,所谓的"我"其实是指把那些材料聚集到它之上的那种基质(ground-stuff)。你可能来到一个遥远的国度,看不到你所有的朋友,几乎把他们忘了;你有了新朋友,和他们一道亲热地生活,就像过去和你的老朋友一道亲热地生活一样。你在过着新生活的同时,还会记起过去的生活,但这会变得越来越不重要。你可以用第三人称来谈论"青年时代的我",事实上,你正在阅读的小说中的主人公也许离你的心更近,对你来说肯定比"青年时代的我"更为生动和熟悉。但这中间并没有中断,也没有死亡。即使一个技艺高超的催眠术士成功地完全抹去了你早先的全部记忆,你也不会觉得他已经杀死了你。在任何情况下都不会有个人存在的失去可供悲哀。

将来也永不会有。

关于后记的注

这里采用的观点与奥尔德斯·赫胥黎（Aldous Huxley）最近——非常恰当地——所说的《长青哲学》（*The Perennial Philosophy*）是相同的。他那本美妙的著作（London, Chatto and Windus, 1946）非常适合说明这一事态以及为什么它如此难以把握和容易招致反对。

心灵与物质

1956 年 10 月在剑桥大学三一学院所作的塔纳演讲（The Tarner Lectures）

第一章 意识的物理基础

问题

世界是我们感觉、知觉和记忆的一种构造。虽然把它看成独立的客观存在非常方便,但单凭其存在肯定无法使世界显示出来。世界的显示依赖于这个世界的非常特殊的部分中发生的非常特殊的事件,即大脑中发生的某些事件。这种牵连和卷入极为特殊,它引发了这样一个问题:是什么特殊属性使得这些大脑过程区别于其他过程,并且造成了世界的显示呢?我们能否猜测哪些物质过程有这种能力,哪些没有呢?或者更简单地说:何种物质过程与意识直接相关联呢?

理性主义者也许会像下面这样草率地处理这个问题。从我们的自身经验来看,并且类推到其他高等动物,意识与有组织的生命物质中某些类型的事件即某些神经功能有关。至于在动物界回溯或"下"溯多远还能存在某种意识,以及意识在其早期阶段是什么样子,都是些没有正当理由的思辨。这些问题无法得到回答,只能留给那些无所事事的空想家去处理。而肆意思考其他事件,比如无机物中的事件——更不用说所有物质事件——是否以某种方式与意识相关联，则更是无端猜测。所有这些都是纯粹的空想，既无法证明，也无法反驳，因此没有认识价值。

然而，同意对这个问题置之不理的人应当知道，这给他描绘的世界图像留下了一片多么神秘的空白。因为神经细胞和大脑在某些种类的生命体内部的出现是一个非常特殊的事件，其意义和重要性已经广为人知。它是一种非常特殊的机制，旨在适应环境变化。凭借这种机制，个体可以对环境的改变做出响应，对行为做出相应的调整。在所有这些机制中，它最为精致巧妙，无论在哪里出现，它都能迅速取得主导地位。然而，它并不是独一无二的。大量生命体，特别是植物，都以完全不同的方式实现非常类似的行为。

我们是否愿意相信，高等动物的发展中这个非常特殊的转折——该转折或许根本未能出现——是世界借助意识照亮自己的一个必要条件？否则的话，世界就会如同一部没有观众的戏剧，不为任何人而存在，因此严格来说并不存在？在我看来，这将意味着一种世界图像的彻底破产。设法摆脱这种困境的迫切愿望不应因为害怕招致聪明的理性主义者的嘲笑而消退。

根据斯宾诺莎（Spinoza）的说法，每一个特殊之物或存在都是那个无限实体即上帝的变式。它通过上帝的每一种属性特别是广延和思想来表现自身。广延是它在空间和时间中的形体存在，思想——就活着的人或动物而言——则是其心灵。但在斯宾诺莎看来，任何无生命的形体存在同时也是"上帝的思想"，也就是说，也以第二种属性而存在。这里我们碰到了万物有灵这一大胆的想法，虽然不是第一次碰到，甚至在西方哲学中也不是第一次。在此之前两千年,爱奥尼亚的哲学家们已经由此获得了"物活论者"(hylozoists)的称号。斯宾诺莎之后,天才的古斯塔夫·特奥多尔·费希纳(Gustav Theodor Fechner)则径直将灵魂赋予了植物,赋予了作为天体的地球,赋予了行星系统,等等。我并不赞成这些奇思异想,也不愿裁决谁更接近于最深的真理,是费希纳还是理性主义的破产。

一个尝试性的回答

你们看,对意识领域进行扩展,自问这类事情能否与除神经过程以外的其他过程合理地联系起来,所有这些尝试必定会沦为未经证明也不可能得到证明的思辨。然而当我们沿相反的方向开始时,论证的基础会更加牢固。并非任何神经过程,而且绝非任何大脑过程都与意识相伴随。其中有许多过程并不是这样的,即使它们在生理学和生物学上很像"意识"过程。它们常常由传入冲动和相继的传出冲动所组成,并且具有对部分发生在系统内部、部分面向正在改变的环境的反应进行调节和时间安排等方面的生物学意义。对于前者,我们这里碰到的是脊椎神经节及其控制的那部分神经系统中的反射作用。许多反射过程虽然的确通过大脑,但根本不属于意识,或者近乎不属于意识(对此我们会做出专门研究)。对于后者,这种区分并不清晰;完全有意识和完全无意识之间存在着中间程度。通过考察我们体内非常相似的生理过程的各种典型,通过观察和推理,不难查明我们正在寻找的那些区别性特征。

在我看来，问题的关键可见于以下众所周知的事实。当我们带着感觉、知觉甚至还有行动去参与的一系列事件以同样的方式屡屡重复时，它们便渐渐淡出了意识领域。而一旦场合或环境条件与之前的不同，它们便立刻跃入了意识范围。即便如此，起初只有那些闯入意识领域的变化或"差异"才能使新事件区别于之前的事件，从而需要做出"新的考虑"。对于所有这些，我们每个人都可以根据自己的经验举出很多例子，这里就不再赘述了。

从意识中逐渐消退，对于我们心灵生活的整个结构至关重要。我们的心灵生活完全建基于通过重复而习得的过程，理查德·塞蒙（Richard Semon）将这个过程概括为记忆基质（Mneme）的概念，对此我们后面会作进一步论述。从不重复的单个经验在生物学上是无关紧要的。生物学上的价值仅仅在于学习对一种一再出现的（在许多情况下是周期性的）情况做出恰当反应，并且如果生命体能够坚守阵地，就总是要求做出同样的反应。我们凭借自己的经验可以知道以下情况。经过最初的几次重复，一个新的要素出现在心灵中，这就是理查德·阿芬那留斯（Richard Avenarius）所谓的"已遇"（already met with）或"已知"（notal）。经过不断的重复，整个事件系列变得越来越程式化，越来越无趣乏味，对这些事件的反应也会变得更加可靠，并且从意识中逐渐消退。就像男孩背诵诗歌，女孩演奏钢琴奏鸣曲"昏昏欲睡"一样。我们沿着惯常的路线去上班，在习惯的地方穿过街道，转到侧街，等等，而我们的思想却被完全不同的事情所占据。但只要情况发生相关改变，比如道路在我们平时过马路的地方中断了，我们必须绕道而行，此时这个差异以及我们对它的反应便闯入了意识。但如果这种差异成了不断重复的东西，它们将很快消退到意识的阈值以下。面对着变化的选择，会不断产生分岔，并可能按照同样的方式固定下来。我们无须多想便可在正确的地点选择通往大学报告厅或物理实验室的道路，只要这两个地方我们都常去。

虽然各种差异、反应的变化、分岔等以这种方式层层堆积起来，但只有那些最新发生的、生物体仍处于学习或练习阶段的东西才存留在意识领域。打个比方说，意识就像一位老师，他对生物体进行教育指导，却只让学生去完成那些已经做得非常熟练的任务。但我想再三强调，这仅仅是一个比喻。我只是想说，新情况及其引发的新反应存留在意识中，那些旧的熟练的则不再如此。

日常生活中有许多操作和行为都必须先经过学习，而且要极为专注和细心。比如小孩子尝试学走路时，意识要非常集中，并且会为第一次成功而欢呼雀跃。成年人在系鞋带、开灯、晚上脱衣服、用刀叉吃东西……时，其思想丝毫不会受到干扰，然而所有这些行为都曾经历过一番费力的学习。这偶尔会导致一些滑稽的误送。这里讲一个著名数学家的故事。据说在一次家庭晚宴上，客人们到齐之后不久，他的妻子发现他躺在卧室的床上，灯熄着。发生了什么？原来他走进卧室想换一件干净的衬衫，但陷入沉思的他却因为脱掉旧衬衫这个动作而引发了一系列习惯性动作，以至于入睡了。

在我看来，所有这些因我们心灵生活的个体发育（ontogeny）

而广为人知的情况，有助于说明心脏的跳动、肠的蠕动等无意识神经过程的种系发育（phylogeny）。面对着近乎恒常不变或规律变化的情况，它们非常熟练，因此早已退出意识领域。这里我们也发现有一些中间情况存在，例如呼吸，通常是在不经意间进行的，但在环境有所变化时，比如在浓烟中或者犯了哮喘，呼吸就会发生变化，并且变得有意识。另一个例子是因为悲伤、喜悦或身体疼痛而放声大哭，这虽然是有意识的，却几乎不会受意志的影响。通过记忆而遗传下来的特性也会出现一些滑稽的误送，比如因恐惧而毛发直立，因极度兴奋而停止分泌唾液，等等，这些反应在过去必定有某种意义，但就人而言已经失去了这种意义。

我怀疑是否所有人都能同意我接下来要做的事情，即把这些想法扩展到神经过程以外。这里我只是略作暗示，尽管我个人认为它是最重要的。这种扩展恰恰有助于说明我们开篇提出的那个问题：有哪些物质事件与意识相关或者伴随着意识？有哪些物质事件不是这样？我的回答如下：我们前面所说并且表明是一种神经过程的特性的东西乃是一般器官活动的特性，也就是说，这些器官活动只要是新的，便与意识有关。

按照理查德·塞蒙的观点和术语，不仅大脑，而且整个身体的个体发育，都是在"熟记地"重复以大体相同的方式发生了上千次的一系列事件。正如我们由自己的经验所知道的那样，生命的最初阶段是无意识的——首先是在母亲的子宫中；但即使是在接下来的几周和几个月里，它也基本上在沉睡。在此期间，婴儿的演化保持着旧有的位置和习性，在此过程中它所遇到的情况几乎没有什么变化。接下来的器官发育开始与意识相伴随，因为器官逐渐与环境发生相互作用，随着情况的变化而调整功能，受环境影响，经受锻炼，并以特殊的方式为环境所改变。我们高级脊椎动物主要在神经系统中拥有这样一个器官。因此，意识与这个器官的一些功能有关，这些功能通过我们所谓的经验而适应不断变化的环境。神经系统是我们这个物种仍在经历种系发育变化的地方；若把我们比做植物的茎，它就像"植物的顶端"（Vegetationsspitze）。我想这样来总结我的一般假说：意识与生物体的学习（learning）有关；它的知道如何做（knowing how, Können）是无意识的。

道德规范

最后的这项总结对我来说非常重要，尽管在别人看来它可能仍然非常可疑。不过即使没有这项总结，我所暗示的意识理论似乎也已经为科学地理解道德规范铺平了道路。

对于所有时代和所有民族，无论过去还是现在，任何所要遵循的道德准则（Tugendlehre）的背景都是自我征服（Selbstüberwindung）。道德规范总是以一种命令和要求、一种"你应当"（thou shalt）的形式表现出来，即在某种意义上违背了我们的原始意志。"我想要"和"你应当"之间的这种特殊反差缘何处呢？我被要求压抑我的原始欲望，背离我的真实自我，不同于与我的实际所是，这难道不是很荒谬吗？的确，在我们这个时代，这种要求饱受嘲笑，或许比其他任何时代更甚。"我就是我，让我发展个性！不要压抑我与生俱来的欲望！所有在这方面阻碍我的'应当'都是无稽之谈,是神父牧师们的欺骗。神就是自然,相信自然已经按照她自己的意愿塑造了我。"我们不时会听到这样的口号。要想反驳这些坦率直接、清楚明白的断语并不容易。康德的道德律令被公然当作非理性的。

但幸运的是,这些口号的科学基础是陈腐而不牢靠的。我们对生命体的"生成"(das Werden)的了解使人很容易明白,我们有意识的生命实际上必然是对我们原始自我的持续抗争。因为我们的自然自我,我们的原始意志及其与生俱来的欲望,显然是从祖先那里获得的物质遗产的心灵相关项。我们作为一个物种正在发展,我们行进在人类演化的前线;因此,人生中的每一天都代表着目前仍然非常活跃的我们物种演化的涓滴。诚然,人生中的每一天,乃至个体的整个生命,都只不过是对永远无法完工的雕像的一次轻轻凿击。但我们过去经历的整个巨大演化也正是由无数次这种轻轻凿击所引发的。当然,这种转变的材料和它发生的前提是可遗传的自发突变。但对自发突变的选择而言,突变载体的行为及其生活习性至关重要且具有决定性的影响。否则,即使在很长的时间段内,物种的起源和表面上的选择趋向也无法得到理解,时间段毕竟是有限的,我们很清楚它的界限。

因此,在我们生命中的每一步、每一天,我们当时拥有的某种形态似乎不得不发生变化,被某种新的形态所征服、删除或取代。我们原始意志的抵抗是现存形态对起改造作用的凿击之抵抗的精神相关项。因为我们自己既是凿子又是雕像,既是征服者又是被征服者——这是一种真正的持续不断的"自我征服"。

第一章 意识的物理基础

然而,鉴于这个演化过程不仅与个体生命相比甚至与历史时期相比都是非常缓慢的,认为它会直接而明显地进入意识,难道不是很荒谬吗?这个过程难道不是未经察觉地进行的吗?

不。按照我们前面的思考,情况不是这样的。这些思考最终认为,意识与一些生理活动有关,这些生理活动因为与不断变化的环境的相互作用而仍在发生改变。此外,我们断言,只有那些仍然处于被训练阶段的变化才会变得有意识,未来这些变化会成为该物种在遗传上固定的、训练有素的、无意识的所有物。简而言之,意识是演化范围内的一种现象。这个世界只有在它发展出或产生新的形态的那些地方才能照亮自己。停滞的地方会脱离意识;它们只有在与演化的地方相互作用时才可能出现。

如果承认这一点,那么意识和一个人自我的冲突就是密不可分的,甚至似乎必须彼此相称。这听起来像是一个悖论,但所有时代和民族中那些最睿智的人已经确证了这一点。将这个世界以璀璨的意识之光点亮的那些人,用自己的生命和语词对我们称之为人性的那件艺术品进行更多的塑造和转化,用演说和文字甚至用自己的生命来为之作证,他们比别人更能强烈地感受到内心冲突所引起的阵痛。希望这对同样承受这种痛苦的人来说是一种安慰。如果没有这种冲突,就不会产生任何持久的东西。

请不要误解我。我是科学家,不是道德教师。不要认为我想提出人类正在朝一个更高的目标发展这样一种观点,以充当宣传道德准则的有效动因。不可能如此,因为那是一个无私的目标,一个正直无偏的动因,因此如果被接受就已经预设了道德。

我觉得自己和其他人一样无法解释康德绝对律令中的"应该"。以最简单的一般形式表现出来的道德律令（要无私！）完全是一个事实；它就在那里，甚至被不经常遵守它的绝大多数人所认同。我认为其令人费解的存在性暗示，我们正开始从一种利己主义态度朝一种利他主义态度发生生物学上的转变，暗示人即将成为一种社会动物。对于单个动物来说，利己主义是一种优点，往往可以保护和改进该物种；而在任何集体中，它则成为一种毁灭性的弊端。一种刚开始成形的动物如果不对利己主义大加限制，就会消亡。那些在种系发生上年代更久的动物，比如蜜蜂、蚂蚁和白蚁等，已经完全放弃了利己主义。但利己主义的下一阶段，即民族利己主义或简称民族主义，却仍然在它们当中盛行。一只迷路走错蜂房的工蜂会被毫不留情地杀戮。

因此，人类似乎正在发生某种并非罕见的情况。沿着类似方向发生的第二次变化的清晰轨迹在第一次变化尚未完成之前就清晰可见了。虽然我们仍然是相当热忱的利己主义者，但我们当中有很多人开始看到，民族主义也是一种应当摈弃的恶。这里或许会出现某种非常奇怪的现象。第一步远未完成，因此利己主义动机仍然具有强烈的吸引力，这也许推动了第二步，即平息不同民族之间的纷争。我们每个人都受到新式侵略武器的威胁，因此期盼民族之间的和平。如果我们是蜜蜂、蚂蚁或斯巴达的武士，那么战争将永不停息，因为对他们而言，个人恐惧根本不存在，怯懦是世界上最令人羞耻的事。但幸运的是，我们仅仅是人——并且是怯懦的人。

对我而言，这一章的思考和结论非常久远，可以追溯到30

多年前。我从未忘记它们，但我很担心它们可能会因为似乎基于"获得性状遗传"或者说拉马克主义而遭到拒斥。我们并不倾向于接受拉马克主义。然而即使拒绝接受获得性状遗传，换句话说接受达尔文的演化论，我们也会发现，一个物种个体的行为对演化的趋向有至关重要的影响，因此似乎是某种伪拉马克主义。在下一章，我将利用朱利安·赫胥黎（Julian Huxley）的权威观点对此进行解释，不过那将着眼于一个略微不同的问题，而不只是为上述想法提供支持。

第二章　理解的未来

一条生物学上的死胡同？

"我们对世界的理解代表着某个确切的或最终的阶段，从任何方面来看都已是最高的或最佳的。"我们可以认为这是极不可能的。我这样讲并不仅仅是指，随着我们对各门科学研究的继续，我们的哲学研究和宗教努力可能会提高和改进我们目前的看法。事实上，与自普罗泰戈拉（Protagoras）、德谟克利特（Democritus）、安提斯提尼（Antisthenes）以来所获得的成就相比，在接下来的两千五百年里，我们以这种方式所取得的成就是无足轻重的。没有任何理由相信我们的大脑是反映世界的所有思想器官中最高级的。很可能某个物种拥有某个类似的器官，其相应的意象与我们的相比，就如同我们的意象与狗的相比，或狗的意象与蜗牛的相比。

如果真是这样，那么仿佛是出于个人原因，我们会好奇（尽管这在原则上并不相关），类似的事物是否会由我们自己的后代或我们中一些人的后代带到地球上。地球没有什么问题，它年富力强，我们大约花了十亿年从最早的开端发展成了现在的样子，在未来的十亿年里，在可接受的生存条件下，它仍然可以提供恰当的场所。但我们自己又如何呢？如果接受目前的演化论（我们还没有更好的理论），那么我们的演化可能已经接近停滞。人类还能发生身体上的演化吗？我指的是那些作为遗传特征而逐渐固定下来的身体上的相关变化，正如我们现在的身体已经通过遗传（用生物学家的专业术语来说就是"基因型变化"）固定下来一样。这个问题很难回答。我们也许正在接近甚至已经到了一条死胡同的尽头。这并不是一个异常事件，并不意味着我们这个物种很快就会灭绝。由地质学记录可以得知，一些物种，甚至是大的种群，很久以前似乎就已经走到了其演化可能性的尽头。但它们并没有灭绝，而是数百万年来一直保持不变，或者没有明显变化。例如，乌龟和鳄鱼在这个意义上是非常古老的种群，是远古的遗物。我们也得知，整个大的昆虫种群或多或少也是同样的情况——昆虫的物种数目要比动物界所有其他物种的总和还要多，但数百万年来它们几乎没有什么变化，而地球上的其他生物在此期间已经变得面目全非。昆虫没有发生进一步演化的原因可能是，它们采取了这样一种方案（不应误解这个比喻性的表述），即它们的骨骼在体外，而不像我们的骨骼在体内。这样一副外在的盔甲虽然提供了保护和力学上的稳定性，但却无法像哺乳动物的骨头那样，从出生到成熟经历生长。这必然会使个体生命史中逐渐的适应性变化很难发生。

有几个论据似乎妨碍了人类的进一步演化。自发性的遗传变化（现在叫"突变"）——根据达尔文的理论，其中"有益的"变化被自动选择——通常只是微小的演化步骤，只能提供一点点益处。这就是为什么在达尔文的理论中，数量通常巨大的后代会被赋予重要意义，在这些后代中，只有很少一部分能够幸存下来。因为只有这样，幸存下来的后代似乎才有可能实现一点点改良。而在文明人当中，整个这套机制似乎被阻止了，在某些方面甚至被逆转了。一般来说，我们不愿看到自己的同类承受痛苦和死亡，因此我们逐渐引入了法律制度和社会制度。它们一方面保护生命，谴责有计划地杀婴，力图帮助每一个病人或弱者存活下来；但另一方面，它们又不得不把后代数量保持在生计所允许的范围内，从而取代对不适者的自然淘汰。这部分可通过节育而直接实现，部分可通过防止相当数量的妇女发生性行为来实现。偶尔，疯狂的战争以及接踵而来的所有灾难和错误——我们这代人对此有太过深切的体验——有助于实现这种平衡。数百万成年人和儿童死于饥饿、毒气和传染病。虽然发生在小的远古部落或氏族之间的战争据信有一种正面的选择价值，但在历史上它是否有选择价值是令人怀疑的，而且毫无疑问，目前的战争是毫无选择价值的。它意味着不加鉴别的杀戮，就像医学和外科手术的进展不加鉴别地挽救生命一样。虽然战争和医术在我们看来在道义上是截然相反的，但它们似乎都不具有任何选择价值。

达尔文主义似乎令人沮丧的看法

这些思考暗示，作为一个正在发展的物种，我们已经陷入停滞，在生物学上发展的前景渺茫。但即使如此，我们也不必烦恼。就像鳄鱼和许多昆虫一样，我们即使没有任何生物学变化也可以继续存活数百万年。不过，从某种哲学观点来看，这种想法仍然是令人沮丧的，我想试着提出论据来证明相反的观点。为此，我必须开始考虑演化论的某个特定方面。我在朱利安·赫胥黎教授讨论演化的名著①中找到了支持，按照他的说法，这个方面并不总能得到近来演化论者的充分理解和欣赏。

由于生物体在演化过程中看起来的被动性，对达尔文理论的通俗阐释很容易导向一种令人沮丧的看法。突变自发地发生在"遗传物质"基因组中。有理由相信，它们主要缘于物理学家所谓的热力学涨落——换句话说，主要缘于纯粹的偶然。个体对从父母那里获得的以及留给后代的遗传物质不产生任何影响。突变是通过"对最适者的自然选择"而发生的。这似乎再次意味着纯粹的偶然，因为这意味着有利的突变可以增加个体生存和繁殖后代的希望，它又将相关的突变传给后代。除此以外，个体在生命期间的活动在生物学上似乎是不相关的。因为任何这种活动都不会对后代产生影响：获得性状不遗传。个体获得的任何技能或训练都会不留痕迹地消失，随个体而死亡，不被传递。在这种情况下，一个智慧的生命会发现，大自然仿佛拒绝与他合作——她自行其是，使个体注定无所作为，事实上沦为虚无。

正如大家所知道的那样，达尔文的理论并不是第一个系统的演化论。在它之前有拉马克的理论，该理论完全基于以下假设：个体在生育前通过特定的环境或行为而获得的任何新特征都可以而且通常被传给它的后代，即使不是完全传递，至少也是

---

① *Evolution: A Modern Synthesis* (George Allen and Unwin, 1942).

少量的。因此,如果某种动物因为生活在岩石或沙地上而在脚底长出了保护性的老茧,这种老茧会逐渐变得可遗传,因此其后代无须艰难地获取就能得到这份免费的馈赠。同样,为了特定的目的持续使用某个器官而在该器官中产生的力量、技能甚至是实质性改变也不会消失,而是至少在部分程度上会传给后代。这种观点不仅为所有生物体都具有的那种对环境的极为精致和特定的适应提供了一种简单的理解,而且它本身也非常美妙,令人振奋和鼓舞。它远比达尔文主义所描绘的那种令人沮丧的被动性画面更具吸引力。根据拉马克的理论,一个自视为漫长演化链条之一环的智慧生命会自信地认为,自己为改进身心能力而付出的努力在生物学意义上不会消失,而会构成该物种朝着越来越完美的方向进行努力的尽管微小但却不可或缺的一部分。

不幸的是,拉马克主义是站不住脚的。它所基于的基本假设,即获得性状可以遗传,是错误的。就我们所知,这些性状是不能遗传的。演化的每一步都是与个体一生中的行为无关的那些自发而偶然的突变。于是我们似乎不得不重新回到前面描述过的达尔文主义那种令人沮丧的看法。

行为影响选择

现在我想表明,情况并非完全如此。无须改变达尔文主义的基本假设就可以看到,个体的行为,它利用其天赋能力的方式,在演化中扮演着一种相关的甚至是最相关的角色。拉马克的观点中有一个非常正确的内核,那就是认为以下两者之间存在着一种不可撤销的因果关联：一方面是功能的使用，即对某一性状——某个器官，某种性质、能力或身体特征——加以实际利用；另一方面是这个性状在世代交替过程中得到发展，为了被有利地使用而逐渐得到改进。我想说，被使用与被改进之间的这种关联是拉马克理论中一个非常重要的认识，它继续存在于我们目前的达尔文主义理论中，但如果肤浅地看待达尔文的学说，就很容易忽视它。事物的进程几乎与拉马克主义所描述的一模一样，只是事物发生的"机制"要比拉马克所设想的更为复杂。这一点并不很容易解释或理解，因此我们不妨先把结论总结一下。为了避免模糊不清，让我们设想有一个器官，尽管我们讨论的特征也许是某种特性、习性、技巧、行为，甚至是该特征的某个小的附加或改变。拉马克认为，这个器官（a）被使用，（b）从而得到改进，（c）这种改进被传给了后代。这是错误的。我们必须这样思考：这个器官（a）发生了偶然的变异，（b）得到有利使用的变异通过选择被积累起来或至少是突出出来，（c）这一代代地继续下去，被选择的变异构成了持续的改进。根据朱利安·赫胥黎的说法，当引发过程的初始变异不是真正的突变，也不是可遗传类型时，拉马克主义与达尔文主义的相似之处最为明显。但如果是有利的，它们也许就会被他所谓的"器官选择"突出出来，或者说，当这些初始变异碰巧出现在"可取"的方向时，它们就为真正的突变被立刻采用铺平了道路。

现在让我们更详细地探讨一下。最重要的是要看到，通过变异、突变或突变加某种小的选择而获得的新性状或性状的改变，可能很容易使生物体相对于其环境产生某种活动，倾向于增加该性状的有用性,从而"紧握"对它的选择。个体可能会因为拥有新的或改变的性状而改变其环境——要么通过实际改变环境,要么通过迁移——或者可能根据环境而改变自己的行为,所有这些都是为了增强新性状的有用性,从而加速它在同一方向上进一步的选择性改进。

你也许会觉得这个断言别出心裁,因为它似乎要求个体具有目的,甚至要有很高的智力水平。但我想指出,我的陈述虽然当然包括高等动物有目的的智能行为,但绝非仅限于高等动物。让我们举几个例子:

一个种群中并非所有个体都拥有完全相同的环境。一个野生物种的花,有些碰巧长在背阴处,有些长在向阳处,有些长在高山的山坡,有些长在低处或山谷。一种在高海拔地区有利的突变,比如多毛的树叶,在高山上将通过选择而受到青睐,而在山谷则将"消失"。结果就如同多毛的突变体迁往了一种有利于沿着同一方向进一步突变的环境。

另一个例子:飞行能力使鸟能在高树上筑巢,在那里幼鸟不易被其敌人接近。主要是那些习惯于此的鸟具有选择优势。下一步是,这种住所必然会选择出那些精通飞行的幼鸟。因此,某种飞行能力会使环境发生改变,或使行为朝着有利于积聚同样能力的环境发生改变。

生物最显著的特征就是分化成各个物种,许多物种不可思议地专长于非常特异的、往往十分机敏的行为,这些行为正是它们所赖以生存的。动物园几乎是一个珍奇展,如果它能帮助了解昆虫的生命史,就更像一个珍奇展览会。非专长性是例外。通常情况是专长于"如果大自然没有制造出来，就没有人会想到"的那些特殊技巧。很难相信这些技巧都源于达尔文所说的"偶然积累"。无论是否愿意，我们都会得到这样一种印象：有一些力量或倾向在迫使生物沿着某些方向远离"朴素简单"，走向复杂。"朴素简单"似乎代表着一种不稳定的事态。远离它似乎可以激发沿着同一方向进一步分离的力量。如果某一特殊技巧、机制、器官、有用的行为的发展是由一长串彼此独立的偶然事件所引起的，就像我们已经习惯于通过达尔文的原始观念来思考的那样，那么那将很难理解。实际上我认为，只有"沿着某一方向"的微小的初始步骤才有这种结构。通过选择，它为自己创造出环境，沿着开始时获得的优势的方向越来越系统地"锻造可塑材料"。用隐喻的方式也许可以说：该物种已经查明其生命中的机遇在何方，并且沿着这条道路走下去。

伪拉马克主义

我们必须尝试以一种一般的方式来理解，以一种非万物有灵论的方法来阐明，赋予个体以某种优势并且有利于它在给定环境中生存的一种偶然突变为何往往能起更大的作用，也就是说，增加自己被有利使用的机会，从而能够专注于环境的选择性影响。

为了揭示这种机制，让我们把环境有计划地描述成由有利情况和不利情况所构成的总体。前者包括食物、饮水、庇护所、阳光及其他，后者则包括来自其他生物（敌人）的威胁、毒物和恶劣天气等。为简洁起见，我们称第一种情况为"需求"，称第二种情况为"敌手"。并非每一种需求都能够获得，也并非每一个敌手都能够避开。但一个活着的物种必定已经获得了一种行为，能在避开最致命的敌手和用最容易获得的资源来满足最迫切的需求之间达成和解，从而使之存活下去。有利的突变可以使某些资源变得更容易获得，或者减轻来自某些敌手的威胁，或者两者兼有，因此增加了被赋予这种行为的个体的存活机会。但它也改变了最有利的和解，因为它改变了个体所承受的那些需求或敌手的相对分量。那些通过偶然或智力而相应地改变其行为的个体将更受青睐，从而被选中。这种行为上的变化不会通过基因组，不会通过直接的遗传而被传给下一代，但这并不意味着它不被传递。我们那种发展出多毛突变体的花（遍布于整个山坡）提供了最简单、最原始的例子。多毛突变体主要在高山上具有优势，它们将种子播撒到这样的区域，以使整个"多毛"的下一代"爬上山坡"，仿佛可以"更好地利用其有利的突变"。

对于所有这些，我们必须牢记，整个形势一般来说是极富动态的，斗争也非常激烈。在一个并无明显增长的多产种群中，敌手的力量通常会压倒需求——个体的存活是例外。不仅如此，敌手和需求常常结对而来，于是紧迫的需求只有通过勇于面对敌手才能得到满足。（例如，羚羊不得不到河边喝水，但狮子跟它一样熟知这个地方。）敌手和需求复杂地交织在一起。因此，某种危险通过特定的突变稍为减小，便可能对那些勇于面对那种危险从而避免其他危险的突变体产生很大影响。这可能会导致一种明显的选择，它不仅针对所讨论的遗传特征，而且也针对使

第二章 理解的未来

用该特征的（有意的或随意的）技能。那种行为通过示范或广义的学习被传给后代，而行为的转变又增加了沿同一方向的任何进一步突变的选择价值。

这种结果可能与拉马克描绘的机制非常相似。虽然无论是获得的行为还是它所引发的任何身体变化都没有被直接传给后代，但行为在这个过程中有着重要的决定权。不过，因果关联并不像拉马克所认为的那样，而是恰恰相反。不是行为改变了父母的身体，并通过身体遗传改变了后代的身体，而是父母的身体变化——通过选择而直接或间接地——改变了它们的行为；行为的这种变化又通过示范、教导或更原始的办法，与基因组所携带的身体变化一起传给了后代。即使这种身体变化不是可遗传的，"通过教导"来传递被诱导的行为也可以成为非常有效的演化因素，因为它为获得未来的可遗传突变敞开了大门，并随时准备最好地利用它们，以使其更容易被选中。

对习性和技能的遗传固定

有人也许会反对说，我们这里描述的事情也许会偶尔发生，但不可能无限持续下去，从而形成适应性演化的根本机制，因为行为本身的变化不被身体遗传、不被遗传物质即染色体所传递。因此初看起来，它肯定在遗传上不能固定，很难看出它如何能被渐渐吸收到遗传宝库中。这本身是一个重要的问题。因为我们的确知道，习性是可以遗传的，比如鸟的筑巢习性，猫狗的各种清洁习性，就是明显的例子。如果按照正统的达尔文思路无法理解这一点，就不得不抛弃达尔文主义。这个问题在运用于人身上时具有独特的意义，因为我们希望推出，一个人一生中的努力和劳动在非常严格的生物学意义上对于人类的发展构成了不可或缺的贡献。简单来说，我认为情况是下面这样的。

根据我们的假设，行为变化与身体变化是平行的，前者是后者偶然变化的结果，但它很快就会引导进一步的选择机制进入明确的通道，因为按照行为对最初基本优势的利用，只有沿同一方向的进一步突变才具有选择价值。但（比如说）随着新器官的发展，行为越来越与拥有这个器官密切联系在一起。行为与身体融合为一体。如果不用手来实现你的目标，你根本不可能拥有灵巧的手，手只会妨碍你（就像舞台上的业余演员常常发生的那样，因为他只有虚假的目的）。你不可能不试图飞翔而拥有一对有能力的翅膀。你不可能不试图模仿周围听到的声音而拥有一个能够改变声调的发声器官。将拥有一个器官和渴望使用这个器官并通过练习来提高它的技能区分开来，把它们看成相关生物体的两个不同特征，是一种人为的区分。这种区分是通过一种抽象的语言实现的，在自然之中并无对应。当然，我们绝不能认为"行为"毕竟会逐渐侵入染色体结构并且在那里获得"位置"。携带着习性和对器官的使用方式的是新器官本身（它们的确在遗传上被固定了下来）。倘若生物体不是自始至终通过恰当地使用新器官来协助选择，那么选择对于"产生"新的器官就会无能为力。这一点是至关重要的。因此，这两个事物是平行发展的，最终（事实上在每一个阶段）在遗传上被固定成同一个东西：一个使用过的器官——就好像拉马克是正确的一样。

将这个自然过程与人制造工具作类比是有启发意义的。初看起来，它们之间似乎有一种明显的区别。如果我们制造一个精致的机械装置，倘若缺乏耐心，在完成它之前很久就试图一次次地使用它，那么在大多数情况下会毁掉它。而我们往往会说，自然的运作方式是不同的。她产生不出新的生物体及其器官，除非它们被持续使用、探究，其效率不断得到考察。然而实际上，这个类比是错误的。人制造单个工具对应于个体发育，即单个个体从种子发育到成熟。这里干涉同样是不受欢迎的。幼小的个体必须被保护，在获得其物种的全部力量和技能之前，绝不能让它们投入工作。生物体的演化发展也许可以通过对自行车的历史演示来作真正的类比，这种演示表明了这种机械如何随时代而变化，同样还可以通过对火车、汽车、飞机、打字机等的历史演示来作类比。这里和自然过程中一样，关键在于所说的机械应当被持续使用从而得到改进；这种改进不是通过使用，而是通过获得的经验和所建议的改变而实现的。顺便说一句，前面提到的自行车说明了一个老生物体的情况，它已经达到了所能达到的完美性，因此已经不再发生进一步的变化。但它并不会消失灭绝！

智力演化的危险

现在让我们回到本章的开头，并从这样一个问题开始：人类在生物学上是否可能有进一步的发展？我认为我们的讨论已经引出了与此相关的两点。

第一点是行为在生物学上的重要性。通过遵从与生俱来的官能和外部环境，通过适应这两个因素的改变，行为虽然本身无法遗传，却可以不同程度地加快演化过程。在植物和低等动物中，恰当的行为是通过缓慢的选择过程或者说是通过试错来实现的，但智力更高的人类却可通过选择来行事。这种巨大的优势也许很容易超出生育的过程缓慢和数量较少所带来的弊端。之所以生育的数量较少，还因为在生物学上很危险的一种考虑，即不要让我们后代的数量超出生计保障的范围。

  关于是否还能期望人类有生物学上的发展这个问题，第二点与第一点紧密相关。在某种意义上，我们已经有了完整的回答：这将取决于我们和我们所做的事情。我们绝不能坐等事情的发生，认为它们是由无法抗拒的命运所决定的。如果我们想要，就必须采取行动，反之则不必。正如政治和社会的发展以及历史事件的一般序列并不是命运强加给我们的，而是很大程度上取决于我们自己的行为，因此也绝不能认为我们在生物学上的未来（它不过是更大范围的历史罢了）是由某种自然法则预先决定的无法改变的命运。对我们这些行动主体而言，甚至对一个当我们注视鸟和蚂蚁时也在注视着我们的更高存在而言，我们在生物学上的未来并不像它看起来的那个样子。人之所以往往会把历史（无论就狭义还是广义而言）看成预先注定的事件，受制于他无法改变的规则和法则，是因为每一个个体都能感觉到，在这件事情上他本身几乎没有什么决定权，除非他能让别的许多人接受自己的观点，并说服他们相应地调整自己的行为。

  关于确保我们的生物学未来所需的具体行为，我只想谈一下我认为最重要的一个一般观点。我认为我们正面临错过"通向完美之路"的重大危险。根据以上的所有讨论，选择对于生物学上的发展是不可或缺的必要前提。倘若将选择完全排除在外，发展就会停滞，甚至可能倒转。用赫胥黎的话来说就是："当一个器官变得无用时，选择不再作用于它，以使其达到标准……退化的（损失）突变占优势会导致器官的退化。"

现在我相信，大多数生产过程的日益机械化和"愚蠢化"蕴含着使我们的智力器官总体退化的严重危险。随着对手工艺的压制和对装配线上单调枯燥的工作的普及，灵巧的工人和愚钝的工人生存机会越是变得相等，卓越的头脑、灵巧的双手和敏锐的眼睛就越是变得多余。事实上，不聪明的人会受到青睐，他天然会更愿意做一些枯燥的苦活，可能觉得生存、安家和生养后代更容易。这个结果甚至可能导致才能天赋方面的负向选择。

现代工业社会生活的艰难已经使一些帮助人们减轻辛劳的机构应运而生，比如保护工人不受剥削和避免失业，以及其他许多福利和保障措施。这些机构被适时地认为是有益的，并且变得不可或缺。但我们不能无视于一个事实：通过减轻个人照看自己的责任，并使每个人的机会均等，这些机构也在消除才能上的竞争，从而有效地遏制了生物学上的演化。我意识到，这个特殊观点会引起很大争议。人们可能会强有力地论证说，对我们目前福利的关心一定会超出对我们未来演化的焦虑。但幸运的是，按照我的主要论证，它们是并行的。除了需求，无聊已经成为我们生活中最大的痛苦之源。我们不应让业已发明的精巧机器生产出越来越多的多余奢侈品，而是必须计划发展它，使之免除人类所有那些缺乏才智的、机械的、"机器般的"操作。机器必须接管人类已经太过熟练的那些苦活，而不是像经常发生的那样，让人来做那些用机器太过昂贵的工作。这虽然不大会使生产变得更便宜，但会使参与其中的那些人更幸福。只要全世界的大公司企业之间的竞争仍然存在，将这个计划付诸实现的希望就很渺茫。但这种竞争既没有意思，在生物学上也毫无价值。我们的目的应当是使个人之间有趣和有智慧的竞争复归其位。

第三章 客观化原则

9年前,我提出了两个构成科学方法基础的一般原则,即自然的可理解性原则和客观化原则。自那以后,我时常会触及这两个原则,最近一次是在我的小书《自然与希腊人》(*Nature and the Greeks*)中。[①] 这里我打算详细讨论一下第二个原则,即客观化原则。在说它的意思之前,我想澄清一下可能产生的误解,这是我从对那本书的几篇书评中渐渐意识到的,尽管我以为从一开始就已经避免了这个误解。这个误解就是:一些人似乎以为我旨在确定一些基本原则,它们应当是科学方法的基础或至少是科学的基础,必须不惜一切代价去坚持。但事实远非如此,我只是坚持说,这两个原则就是科学方法的基础或至少是科学的基础——顺便说一句,它们乃是古希腊人的遗产,我们整个西方科学和科学思想都源于古希腊人。

这个误解并不让人很吃惊。如果你听到一个科学家宣布了基本的科学原则,并强调其中两个原则特别基本且具有古老的地位,你会很自然地认为,他至少非常赞同这两个原则,并希望别人也赞同。但另一方面,科学从不强加任何东西,科学只是陈

---

① Cambridge University Press, 1954.

述。科学的目的只是对其对象做出正确而恰当的陈述。科学家只强加两种东西,即真理和真诚,不仅让自己接受,也让其他科学家接受。就这里的情况而言,对象是科学本身,是它已经发展成的、已经变成的现在的样子,而不是它应当是或未来应当是的样子。

现在让我们转向这两个原则本身。关于第一条,即"自然可以被理解",我这里只想简单说几句。最让人惊讶的是,这个原则必须被发明出来,而且发明它是绝对必要的。它源于米利都学派,这是一些自然哲学家(*physiologoi*)。自那以后,它一直保持原样,尽管可能受过一定的影响。目前物理学中的方向就可能是一项非常严重的影响。不确定性原理,即据称自然之中缺少严格的因果关联,便可能代表对它的背离或部分抛弃。讨论这个话题很有意思,但我决定这里只讨论另一个原则,即我所谓的客观化原则。

我所说的客观化原则也常被称为关于我们周围"真实世界的假说"。我主张,这是我们采用的某种简化,以把握无限复杂的自然问题。由于没有意识到这个原则,也没有对它进行严格而系统的思考,我们将认知主体从我们努力去理解的自然领域中排除出去,自己则退回去成为一个不属于这个世界的旁观者,由此,世界也成为一个客观的世界。这种手段被以下两种情况所掩盖。首先,我自己的身体(与我的心灵活动有非常直接而密切的关联)构成了我通过我的感觉、知觉和记忆所构建出来的对象(我周围的真实世界)的一部分。其次,其他人的身体也构成了这个客观世界的一部分。现在我有充分的理由相信,其他人的身体也与意识领域有关，或者说，仿佛是意识领域之所在。对于这些陌生的意识领域的存在性或某种现实性，我不可能有任何合理的怀疑，但我绝对无法从主观上直接接近其中任何一个。因此，我倾向于把它们当作某种客观的东西，认为它们构成了我周围真实世界的一部分。此外，既然我自己与他人之间没有区分，而是在所有意图和目的上都完全对称，我断言，我自己也构成了我周围这个真实的物质世界的一部分。可以说，我把正在感觉的自我（它已经把这个世界构造成一个心灵产物）放回到了这个世界之中——由上述种种错误结论所组成的链条导致了混乱的灾难性的逻辑推论。我们将一一指出这些逻辑推论；这里我只提两个最明显的矛盾，它们缘于我们意识到这样一个事实：只有把我们自己置于画面之外，退回去成为一个无关的旁观者，才能得到一幅比较令人满意的世界图像。

第一个矛盾是惊讶于发现，我们的世界图像是"无色、冰冷、无声的"。颜色和声音，冷和热是我们的直接感觉；难怪它们在移除了我们自身心灵的世界模型中是不存在的。

第二个矛盾是我们在徒劳地探求心灵是在哪里作用于物质的，或者物质是在哪里作用于心灵的。众所周知，查尔斯·谢灵顿爵士（Sir Charles Sherrington）在《人论其本性》（*Man on his Nature*）一书中出色地阐述了他的诚实探索。物质世界的构建是以把自我即心灵排除在物质世界之外、移除它为代价的；心灵并非物质世界的一部分，因此既不能作用于物质世界，也不能被物质世界的任何部分所作用。（对此斯宾诺莎曾以一句非常简要和清晰的话作过陈述，见后。）

我希望对我已经作的一些论点作更详细的讨论。首先，我想引用荣格（C. G. Jung）的一篇文章中的一段话。这段话让我感到欣慰，因为它在完全不同的语境下强调了与我相同的论点，尽管是以一种严厉斥责的方式。我一直认为，将认知主体排除出客观世界图像之外是为获得一幅暂时比较令人满意的世界图像而付出的高昂代价，而荣格则更进一步，指责我们从一种极为困难的处境中支付这种赎金。他说：

> 所有科学（Wissenschaft）都是灵魂的一种功能，一切知识都植根于灵魂。灵魂是所有宇宙奇迹中最伟大的，是作为对象的世界的必要条件。令人极为惊讶的是，西方世界（除了极少的例外）似乎根本认识不到这一点。外在认知对象之洪流已使一切认知的主体退回幕后，往往显得并不存在。[①]

当然，荣格是非常正确的。同样清楚的是，对于这个初始论题，致力于心理学研究的他远比物理学家或生理学家敏感得多。但我会说，从一个坚持了两千多年的立场迅速退却是危险的。我们也许会失掉一切，换来的只是在一个特殊领域（尽管是非常重要的领域）的某种自由。但问题就在这里。相对较新的心理学急需生存空间，使得重新思考这个初始论题变得不可避免。这是一项艰巨的任务，我们无法在此时此地完成它，而只能满足于

---

① *Eranos Jahrbuch* (1946), p. 398.

将它指出来。

我们发现，心理学家荣格抱怨将心灵排除在我们的世界图像之外，或者他所谓的对灵魂的忽视，但这里我想相反地引证几段话，或者说是作为一种补充。这些话出自更古老、更谦卑的物理学和生理学的一些杰出代表。它们都在陈述一个事实，即"科学的世界"已经变得如此客观，以至于没有给心灵及其直接感觉留下任何余地。

一些读者可能还记得爱丁顿（A. S. Eddington）所说的"两张写字台"：一张是一件熟悉的旧家具，他坐在桌旁，胳膊放在上面；另一张是科学上的物体，它不仅缺少一切感觉性质，而且还布满空洞。其最大的部分是空的空间，是无，其中散布着数不清的某种东西的小颗粒，即正在高速旋转的电子和原子核，但它们相隔的距离至少是其自身尺寸的十万倍。在以颇具创造性的方式将两者进行对照之后，他总结说：

> 在物理学的世界里，我们看到的是我们所熟悉生活的投影表现。我肘部的影子倚靠在影子桌子上，影子墨水在影子纸张上流淌……。坦率地认识到物理学关注的是影子世界，这是最近取得的最重要的进展之一。[1]

请注意，最近的进展并不在于物理学的世界本身已经获得了这种影子特性。自德谟克利特的时代甚至更早以来就是这样，

---

[1] *The Nature of the Physical World* (Cambridge University Press, 1928)，导言。

只不过我们并不知道它，我们以为我们是在研究世界本身。据我所知，用模型或图像一类的表述来指科学的概念建构出现在19世纪下半叶，而不是更早。

没过多久，查尔斯·谢灵顿爵士出版了他那部重要著作《人论其本性》。[①] 书中充满了对物质与心灵相互作用的客观证据的诚实探寻。我强调"诚实"这个修饰词，是因为寻找一个人事先深信无法找到的某种东西，的确需要付出非常严肃认真的努力，之所以深信它无法找到，是因为（人们普遍相信）它并不存在。他在该书的第357页简要地总结了这种探寻的结果：

> 因此，心灵这种任何知觉可包围的东西，在我们的空间世界中比幽灵更像幽灵。它看不到，摸不着，甚至没有轮廓；它不是一个"东西"。它没有而且永远得不到感官的确证。

如果用自己的话说，我会这样来表达：心灵用它自己的材料建立了自然哲学家的客观外部世界。心灵只有通过将自己排除出去——从其概念创造中撤出——这种简化的手段，才能应对这项宏大的任务。因此，客观的外部世界并不包含其创造者。

我无法通过引述一些句子来充分表达谢灵顿这部不朽著作的伟大，大家只有亲自去读才能体会到这一点。但我还是想提几

[①] Cambridge University Press, 1940.

处更具特色的叙述：

> 物理学……使我们面临着一种困境，即心灵本身无法弹钢琴——心灵本身无法移动手指。(222页)
>
> 于是我们陷入了僵局。对意识"如何"作用于物质一无所知。这种前后不一致使我们震惊。它是一种误解吗？(232页)

请将20世纪的一位实验生理学家所得出的这些结论与17世纪最伟大的哲学家斯宾诺莎的以下简单陈述作一对照（《伦理学》，第三部分，命题2）：

> 身体无法决定心灵如何思考，心灵也无法决定身体是运动、休息还是做其他某种事情（如果有的话）。

这的确是一个困境。我们因此就不是我们行为的执行者了吗？但我们仍然觉得应对自己的行为负责，并因它们而受到惩罚或赞扬。这是一个可怕的矛盾。我认为，它在目前科学的层次上是无法解决的，目前的科学仍然完全陷入了"排除原则"（而不自知），从而陷入了这种矛盾。意识到这一点是可贵的，但并不能解决问题。这就像是，你无法通过议会法案将"排除原则"删去。科学态度必须重建，科学必须焕然一新。审慎的思索是必要的。

这样我们便面对着以下引人注目的情况。建造我们世界图像的材料完全产生于作为心灵器官的感官,因此每个人的世界图像都是而且总是他自己心灵的构建,无法证明它有任何其他存在性,但有意识的心灵本身在它的那种构建里始终是一个陌生者,在其中没有生存空间,你也无法在空间中的任何地方认出它。我们通常并没有意识到这个事实,因为我们已经完全习惯于认为,人的个性或者动物的个性位于其身体内部。得知它无法在那里找到时,我们异常惊讶,以至于产生了怀疑和犹豫,非常不愿接受它。我们已经习惯于把有意识的个性定位于一个人的头部之内——我会说在两眼中间之后一两英寸的地方。根据不同的情况,它从那里赋予了我们理解、可爱、温柔、怀疑或愤怒的表情。我想知道是否有人指出过,眼睛是唯一一个我们未能在朴素的思想中认识到具有纯粹接受性的感官。与实际事态相反,我们更容易想到从眼睛发出的"视线",而不是从外界撞击眼睛的"光线"。你经常能发现这样一种"视线"———条从眼睛射出并指向物体的虚线,方向由另一端的箭头来表示——出现在漫画中,或一些用来说明光学仪器或光学定律的旧式草图中。亲爱的读者,请回想一下当你带给孩子一件新玩具时他向你传递的那种明亮愉快的目光,然后让物理学家告诉你,事实上没有什么东西从这些眼睛发出;眼睛唯一可被客观检测到的功能就是不断被光量子撞击并且接受光量子。事实上!一个奇怪的事实!其中似乎缺少了什么。

我们很难评价以下事实:将个性和有意识的心灵定位于身体内部仅仅是象征性的,仅仅是出于实际用途的一种辅助。让我们带着全部有关的知识来打探一下身体内部。在那里我们的确看到了一种极为有趣的繁忙景象，如果你愿意，可以称它为一部机器。我们发现数百万非常专业化的细胞形成了一种排列，这种排列极为复杂，但显然服务于一种意义深远的技艺高超的相互沟通和协作。这是规则的电化学脉冲的一种永不停息的搏动，它们迅速改变着构形，在神经细胞之间传导，每一个瞬间都有成千上万的联系开启和闭合，由此引发了化学变化和其他一些尚未发现的变化。这就是我们所看到的一切，随着生理学的发展，可以相信我们对它会有越来越多的了解。不过现在让我们假定，在特定的情况下，你最终观察到几束传出的脉冲电流，它们从大脑发出，经由长长的细胞突起（运动神经纤维）被传导至手臂的某些肌肉，为了一次令人心碎的长久分离，手臂颤抖着不情愿地与你道别；与此同时，你会发现其他某些脉冲电流束会引起某种腺体分泌，用几滴眼泪蒙上你悲伤的双眼。但无论生理学发展到何种水平，在从眼睛经由中枢神经一直到手臂肌肉和泪腺的这条线路上，你在任何地方都碰不到个性，碰不到可怕的伤痛，碰不到灵魂中的忧愁，尽管对你来说，它们的存在是如此肯定，你仿佛在亲身经历它们——事实上你的确在经历它们！生理学分析所给出的关于其他某个人（假定是我们最亲密的朋友）的图像，使我清晰地回忆起爱伦·坡（Edgar Allan Poe）那个构思巧妙的故事，相信许多读者都记得很清楚，那就是《红死魔的面具》(*The Masque of the Red Death*)。一位亲王和他的随从逃到了一个与世隔绝的城堡中，以躲避当时肆虐的红死病瘟疫。躲避一个星期左右之后，他们举行了一场盛大的假面舞会，人们穿着奇装异服、戴着面具。其中一个带面具者个子很高，面部被遮得严严实实,身穿红衣,显然是为了象征瘟疫。他令所有人毛骨悚然,既因为他胡乱装扮,也因为他被怀疑可能是入侵者。最后,一个勇敢的年轻人走近这个红色面具,猛然扯掉面纱和头饰,却发现里面空无一物。

我们的头颅并不是空的。尽管在那里发现的东西让人很感兴趣,但与生命和灵魂的情感相比,其实算不了什么。

认识到这一点起初使我很沮丧。但再往深里想想,对我来说又不啻为一种安慰。如果你不得不面对你非常怀念的已故朋友的身体,当你意识到这个身体从来也不是其个性所在,而只是象征性地"充当实际的所指",这难道不令人欣慰吗?

作为对这些考虑的补充,那些对物理学有强烈兴趣的人可能会希望我就关于主体与客体的一系列观念发表意见,这些观念已被当前量子物理学的主要思想流派——其主要人物是尼尔斯·玻尔(Niels Bohr)、维尔纳·海森伯(Werner Heisenberg)和马克斯·玻恩(Max Born)——赋予了极大的重要性。我先对他们的观念作出非常简要的描述:①

如果不与之"接触",我们就无法对某个给定的自然物(或物理系统)做出任何事实陈述。这种接触是一种真实的物理相互作用。即使它仅仅在于我们"看着这个物体",这个物体也必须被光线撞击,并将光线反射到眼睛里或某种观测仪器内。这意味着,该物体受到了我们观察的影响。你无法让一个物体完全孤立而获得关于它的任何知识。该理论进而断言,这种干扰既不是

---

① 参见我的 *Science and Humanism* (Cambridge University Press, 1951), p. 49。

不相干的，也不是完全可查明的。因此，无论经过多少次认真的观测，物体也总是处于某些特征（最后观测到的特征）已知、但另一些特征（受到最后一次观测干扰的特征）未知或未能准确知晓的状态。这种事态被用来解释为什么不可能对任何物体做出完备的、没有间隙的描述。

如果承认这一点——也许不得不承认——那它就与自然的可理解性原则相悖了。但这本身并不是耻辱。我从一开始就说，我的两个原则并不旨在对科学进行约束，而只是表达了许多个世纪以来物理学中所实际遵循的原则以及不易改变的东西。我个人并不觉得我们目前的知识能够表明这种改变是正确的。我认为或许可以对我们的模型进行修改，使之在任何时候都显示不出原则上无法同时观察的那些特性——这些模型较为缺乏同时的特性，但对环境的变化却有较强的适应性。不过，这是一个物理学内部的问题，这里无法得到解答。但是从以前解释的理论，从测量装置对所观测物体的不可避免且无法查明的干扰，已经引出了涉及主体与客体之间关系的重要的认识论推论。据说物理学的新发现已经推进到了主体与客体之间的神秘边界。因此我们被告知，这条边界根本不清晰。我们习惯于认为，我们对一个物体的观测必定会使它被我们自己的观测活动所改变或影响。我们习惯于认为，在我们精细的观测方法和对实验结果进行思考的影响下，主体与客体之间的那种神秘边界已被打破。

为了批判这些观点，首先我要像古代和现代的许多思想家一样，接受主体与客体之间那种悠久而神圣的区分。从德谟克利特到"柯尼斯堡的老人"①，在接受它的哲学家当中，几乎所有人都强调，我们所有的感觉、知觉和观察都有一种强烈的个人主观色彩，并不能给出康德所谓的"物自体"的本性。虽然某些思想家可能只会想到某种程度上的或强或弱的扭曲，但康德却让我们完全放弃：永远也不可能对"物自体"有任何了解。因此，认为一切现象都具有主观性，这种观点由来已久，并且为人所熟知。而现在，它又有了一些新的东西：不仅我们从环境中得到的印象在很大程度上依赖于我们感觉中枢的本性和偶然状态，而且反过来，我们希望理解的这个环境本身又被我们、特别是被我们用来观测它的仪器所改变。

也许是如此——在某种程度上的确如此。根据新发现的量子物理学定律，这种改变无法被减小到某些特定的界限以下。但我依然不愿称它为主体对客体的直接影响。因为主体（如果是某种东西的话）就是那个感觉和思考的东西。正如我们从斯宾诺莎和谢灵顿那里所知道的，感觉和思考并不属于"能量世界"，它们无法在这个能量世界产生任何变化。

所有这些都是就以下观点而言的，即我们接受主体与客体之间那个悠久而神圣的区分。虽然在日常生活中，我们"为了实际所指"而不得不接受它，但我认为，我们应在哲学思想中抛弃它。康德已经揭示出它严格的逻辑推论：对于崇高但却空洞的"物自体"观念，我们永远一无所知。

正是同样的要素组成了我的心灵和世界。对于任何一个心

---

① 指康德。——译者注

灵及其世界而言，情况都是如此，尽管它们之间有着数不清的"相互参照"。世界是一次性被提供给我的，不是一个存在着的世界和一个被感知的世界。主体与客体完全是一个。不能说它们之间的壁垒因为新近的物理学经验而被打破，因为这种壁垒并不存在。

第四章　算术悖论：心灵的同一性

　　为什么在我们科学的世界图像中的任何地方都找不到那个有感觉、有洞察力和正在思考的自我呢？其原因用几个字就可以说清楚：因为它本身就是那幅世界图像。它等同于整个图像，因此无法作为它的一部分而被包括进去。当然，这里我们碰到了算术悖论；似乎存在着很多有意识的自我，但世界只有一个。这源于"世界"这个概念产生自己的方式。若干个"私人"意识领域有部分重叠。其重叠的公共区域就是"我们周围真实的世界"。但我们仍然会有一种不安的感受，并引出了这样的问题：我的世界真的和你的一样吗？是否存在着一个真实的世界，它迥异于通过感知向内投射到我们每一个人之中的世界图像？如果是这样，那么这些图像是否与真实的世界相似？或者这个世界本身也许与我们感知到的世界大相径庭？

　　这些问题别出心裁，但在我看来，它们很容易使这个问题模糊不清。它们没有合适的答案。它们本身就是矛盾或者会导致矛盾，这些矛盾都有同一个来源，我称之为算术悖论；这唯一的世界是由许多有意识的自我的心灵体验构造出来的。我敢说，这个数字悖论的解决将会取消前面所有这类问题，揭示出它们是假问题。

第四章 算术悖论：心灵的同一性

有两种办法可以解决这个数字悖论，从现在科学思想（它以古希腊思想为基础，因此是完全"西方的"）的角度来看，两者都显得很疯狂。一个办法是世界在莱布尼茨那令人生畏的单子论中的多重化：每一个单子本身就是一个世界，彼此之间没有联系；单子"没有窗户"，"被单独监禁"，但它们彼此之间仍然和谐一致，这被称为"先定和谐"。我想几乎没有人会对这种观点感兴趣，也不会认为它对这个数字悖论有任何缓解。

那么只有另一种方案了，即心灵或意识的统一。其多重性仅仅是表面上的，其实只有一个心灵。这就是《奥义书》（*Upanishads*）的学说。不仅是《奥义书》的学说。只要不被顽固的偏见所反对，与神合一的神秘体验通常就包含这种态度；这意味着它在西方不像在东方那样容易被接受。让我引用13世纪的一位伊斯兰波斯神秘主义者——阿齐兹·纳萨非（Aziz Nasafi）的话，作为《奥义书》以外的一个例子。以下内容摘自弗里茨·迈耶（Fritz Meyer）的一篇文章，[①]并且译自其德译本：

> 某个生物死的时候，灵魂回到灵魂世界，身体回到身体世界。但其中只有身体才能发生变化。灵魂世界就是单个的灵魂，它就像身体世界后面的一盏灯，当某个生物产生时，它就像透过窗户一样透过其身体。光进入世界的多少取决于窗户的种类和尺寸。但光本身始终保持不变。

---

① *Eranos Jahrbuch*, 1946.

十年前，奥尔德斯·赫胥黎（Aldous Huxley）出版了一本珍贵的著作，他称之为《长青哲学》(*The Perennial Philosophy*)。①这是一部文选，收集了各个时代、各个民族的神秘主义者的话。随意翻开它的任何一页，你都会发现许多相似的美妙表达。你会惊讶于不同种族、不同宗教的人之间那种不可思议的一致性，尽管他们相隔数百年甚至数千年，距离非常遥远，彼此根本不知道对方的存在。

但仍然必须说，这个学说对于西方思想几乎没有什么吸引力，它令人不快，被称为荒谬和非科学。之所以如此，是因为我们的科学——希腊科学——是以客观化为基础，由此不再能恰当地理解认知的主体即心灵。但我的确认为，这恰恰是我们目前的思维方式所需要改进的地方，或许可以从东方思想那里输入一点血液。这并不简单，我们必须当心勿犯错误——输血总是需要提防凝块。我们并不希望失去我们科学思想业已达到的逻辑精确性，那是任何地方、任何时代都无法比拟的。

但与莱布尼茨那令人生畏的单子论相反，还有一点有利于所有心灵彼此"同一"并且与最高的心灵"同一"这一神秘主义学说。"同一"学说可以声称它得到了一个经验事实的确证，即意识从未以复数而总是只以单数被经验到。不仅我们任何人都没有经验过一个以上的意识，而且也没有任何详细证据表明，这种情况曾在世界上的某个地方出现过。如果我说在同一个心灵中不可能有一个以上的意识，这似乎是无谓的同义重复——

---

① Chatto and Windus, 1946.

我们根本无法想象相反的情况。

但在一些场合或情况下,我们会期待甚至需要这种无法想象的事情发生,如果它可以发生的话。这里我想比较详细地讨论这一点,并引用查尔斯·谢灵顿爵士的话来确证它。谢灵顿不仅具有极高天赋,还是一名认真而审慎的科学家(这是非常罕见的!)。据我所知,他对《奥义书》的哲学没有任何偏见。我的这一讨论旨在为"同一"学说与我们自己科学世界观在未来的融合扫清道路,同时不以损失审慎和逻辑精确性为代价。

我刚才提到,我们甚至无法想象一个心灵中有多个意识。我们可以说这些话是没错的,但它们并不是对任何可以想象的经验的描述。甚至在两种人格交替出现的"人格分裂"的病理学病例中,两种人格也不是共同占主导的;而且,这正是那个典型特征,即它们对彼此一无所知。

当我们在像木偶剧一样的梦中用手中的绳子牵着许多演员,控制着他们的言行时,我们并不知道情况是如此。在他们当中,只有一个是我自己,即做梦者。在他之中,我直接地行动和说话,同时我可能在焦急地等待别人的回答,无论他是否会满足我迫切的要求。我并没有想到我实际上可以让他按照我的意愿来行动和说话——事实上不会是这样。因为在这种梦中,我敢说,这个"别人"大多是我在现实生活中无法实际控制的某种严重障碍的化身。这里描述的奇特事态显然解释了为什么大多数老人都坚信他们与梦中见到的人有过真实的交流,无论这些人是活是死,是神还是英雄。这是一个很难消除的迷信。公元前6世纪末,以弗所的赫拉克利特(Heraclitus of Ephesus)明确宣称反对这一点,那种清晰明确在他有时非常晦涩的残篇中并不多见。而自认为是开明思想倡导者的卢克莱修(Lucretius Carus)在公元前1世纪却依然坚持这个迷信。今天,这个迷信也许很罕见,但我怀疑它是否已经完全根除。

现在我要转到一个非常不同的话题。我发现完全无法想象我自己有意识的心灵(我觉得它是一个)是如何由构成我身体的所有(或其中一些)细胞的意识整合而成的,或者在我生命中的每一刻是如何由它们合成的。有人会认为,我们每个人都是这样一个"细胞联合体",正是心灵表现出多重性的最好理由。"联合体"或"细胞王国"(Zellstaat)的表述今天已不再被当作隐喻了。让我们看看谢灵顿是怎么说的:

> 宣称构成我们身体的每一个细胞都是一个以自我为中心的个体生命,这绝不只是一句话而已,也绝不只是为了描述的方便。细胞作为身体的组成部分不仅是一个看得到的可以划分的单元,而且是一个以自我为中心的单元生命。它以自己的方式生活着。……细胞是一个单元生命,我们的生命则是完全由细胞生命组成的一个单元生命。①

这个故事还可以更详细、更具体地继续下去。大脑病理学和对感知觉的生理学研究都明确支持把感觉中枢按照区域划分成各个领域,其广泛的独立性令人惊异,因为它让我们期待发现

---

① *Man on his Nature*, 1st edn (1940), p. 73.

这些区域与独立的心灵领域有某种联系；但这种联系并不存在。下面是一个非常典型的例子。观察远处的景色时，如果你先像通常那样睁开双眼看，然后闭上左眼只用右眼，再闭上右眼只用左眼，你不会发现有任何明显差别。在所有这三种情况下，心理上的视觉空间是完全相同的。这很可能是因为，刺激被从视网膜上相应的神经末梢传到了大脑的"产生知觉的"同一中心。这正像无论是按我家大门还是按我妻子卧室门上的按钮，厨房大门上方的铃都会响一样。这是最简单的解释，但却是错误的。

　　谢灵顿讲述了一个非常有趣的闪烁阈值频率实验。我将试着作一个尽可能简要的描述。设想在实验室里建造一座小型灯塔，每秒钟闪烁很多次，例如 40、60、80 或 100 次。随着闪烁频率的增加，闪烁将在某一确定的频率消失，这取决于实验细节；而以双眼按照通常方式观看的观察者看到的则是连续光。①假定这个阈值频率是每秒钟 60 次。在第二个实验中，用一种合适的装置使得只有每一个第二次闪烁到达右眼，每一个另一次闪烁到达左眼，其他情况都不变，从而每只眼睛每秒钟只看到 30 次闪烁。如果这些刺激被传导到同一个生理中心，那么这不会造成任何差别：如果我每两秒钟按一次我大门上的按钮，我妻子每两秒钟按一次她卧室门上的按钮，但和我交替进行，那么厨房的铃每秒钟会响一次，就像我们中的一个人每秒钟按他的按钮，或者我们两人每秒钟同时按按钮一样。但在第二个闪烁实验中，情况却不是这样。右眼看到的 30 次闪烁加上左眼看到的另

---

① 电影就是这样产生了一连串图像的融合。

外 30 次闪烁远不足以消除闪烁的感觉；这需要把闪烁频率提高一倍，也就是说，如果两眼同时看，右眼看到 60 次，左眼也看到 60 次，闪烁的感觉才会消失。以下是谢灵顿自己总结的主要结论：

> 不是大脑机制的空间结合将这两个报告结合在一起……就好像左右眼的图像被两个观察者之一分别看到，然后这两位观察者的心灵被合并成一个心灵。就好像左右眼的知觉被单独加工，然后在心理上被合并成一个……就好像每只眼睛都有一个专属于自己的具有很大尊严的分离的感觉中枢，基于那只眼睛的心灵过程在其中被发展到完全的知觉水平。这在生理上就等同于一个视觉的次大脑（sub-brain）。于是将有两个这样的次大脑，一个左眼的，一个右眼的。提供它们心灵上协作的似乎是作用的同时性，而不是结构上的联合。①

接下来是一些非常一般性的思考，我再次从中挑选出一些最典型的段落：

> 那么，建立在感觉的若干种模态基础上的准独立的次大脑是否存在呢？在大脑顶部，我们仍然可以清楚地发现，旧的"五种"感官各自被划分成分离的领域，而不是彼此无

---

① *Man on his Nature*, pp. 273-275.

第四章 算术悖论：心灵的同一性

法摆脱地合为一体，并且在更高秩序的机制下进一步融合。心灵在多大程度上是一些准独立的知觉心灵的合成呢？这些知觉心灵在很大程度上通过经验在时间上的协同一致而在心理上被整合起来。……在涉及"心灵"问题时，神经系统并不通过集中于一个独断专行的细胞来整合自身。毋宁说，它详细制定了一种百万计的民主制，其每一个单元都是一个细胞。……由亚生命组成的具体生命虽然是被整合的，却揭示出其附加性，显示自己是许多微小的生命中心共同作用的产物。……然而当我们转向心灵时，却没有任何这样的东西。单个神经细胞绝不是一个微型大脑。身体的细胞组成并不需要来自"心灵"。……单个独断专行的脑细胞并不能比大脑顶部大量的细胞薄片更能保证心灵反应具有一种更加统一的非原子特性。物质和能量在结构上似乎是颗粒状的，"生命"也是如此，但心灵却不是这样。

我所引述的是给我留下最深刻印象的段落。我们看到，谢灵顿以其对一个活的身体中实际发生的事情的卓越了解，正在努力解决一个悖论。凭借着坦率和理智上绝对的真诚，他并不像很多人可能做甚至已经做的那样试图将其隐藏或搪塞过去，而是将它赤裸裸地公之于众。他清楚地知道，这是把科学或哲学中的问题推向解决的唯一方式，用"漂亮话"去掩盖只会阻碍进步，使这个矛盾长久存在（不是永远存在，直到有人注意到这种欺骗）。谢灵顿的悖论也是一个算术悖论，一个关于数的悖论。因此我相信，它和本章前面提到的那个悖论有很多相似之处，尽管绝不等同。简单地说，前一个悖论是许多心灵结合成一个世界。而谢灵顿的悖论则是，一个心灵表面上建立在许多个细胞生命或次大脑的基础上，每一个次大脑似乎都有专属于自己的巨大尊严，以至于我们不得不将它与一个次心灵联系起来。但我们知道，一个次心灵和一个多重心灵一样是讨厌的怪物，在任何人的经验中都找不到任何对应，也根本无法想象出来。

我认为这两个悖论都将通过将东方的"同一"学说纳入我们西方的科学精神大厦而得到解决（我并不声称能在这里解决它们）。心灵依其本性就是单数的。我应该说：心灵的总数就只是一。我冒昧地称它为不可摧毁的，因为它有一个特殊的时间表，即心灵总是处于现在。对心灵而言，实际上没有过去和未来，只有一个包括记忆和期望的现在。但我承认，我们的语言还不足以表达这一点，我也承认（如果有人想这么说的话），我现在谈的是宗教而非科学——不过，这种宗教并不与科学对立，而是得到了公正无私的科学研究的支持。

谢灵顿说："人的心灵是我们这个星球的新近产物。"[1]

对此我当然同意。如果省略了第一个词"人"，我将不会同意。我们在第一章讨论过这一点。以下看法即使不是荒谬的，也显得很怪异：独自反映世界流变（becoming）的沉思着的有意识的心灵竟然只是在这种"流变"过程中的某一刻才偶然出现，并与一种非常特殊的生物学装置相联系，这种装置本身显然在执行一项任务，即促进某些生命形态维持自身从而有利于其保

---

[1] *Man on his Nature*, p. 232.

存和繁殖。这些生命形态乃是后来者,在它们之前还有许多生命形态并不通过这个特殊装置(大脑)来维持自身。其中只有一小部分(如果按物种来算的话)已开始"拥有大脑"。在拥有大脑之前,是否一切都在为之做准备呢?我们是否可以把一个无人沉思的世界称为世界呢?当一位考古学家重建一座城市或一种悠久的文化时,他感兴趣的是过去的人类生活,是彼时彼地展示出来的人们的行为、感觉、思想、感受、喜怒哀乐。但一个已经存在了数百万年而没有任何心灵知道它、沉思它的世界是某种东西吗?它存在过吗?我们不要忘了:说世界的流变反映在一个有意识的心灵中,这只是一种我们早已熟悉的陈词滥调、说法或隐喻。世界只被给出过一次。没有任何东西被反映。原始的形象和镜中的形象是同一的。在空间和时间中延展的世界仅仅是我们的表象(Vorstellung)。正如贝克莱(Berkeley)所清楚地认识到的,经验给不了我们任何线索,表明世界是除此以外的任何事物。

然而,在此之前存在了数百万年的世界非常偶然地产生了大脑,并且用大脑来观看自己,这个世界的传奇故事有一个近乎悲剧性的延续,我想再次用谢灵顿的话对此进行描述:

> 我们得知,能量的宇宙正在耗尽。它正灾难性地趋向于最终的平衡状态。在这种平衡状态下,生命无法存在。但生命的演化是没有停顿的。我们的星球在其环境中演化出了生命,并且正在进行这种演化。心灵也随之演化出来。如果心灵不是一个能量系统,那么宇宙的耗尽如何能够影响它

呢？它是否可以不受损伤？据我们所知，有限的心灵总是附属于一个正在运作的能量系统。当那个能量系统停止运作时，随之运作的心灵将会如何呢？那个过去和现在一直在精心制作有限心灵的宇宙会让它消亡吗？①

这些考虑令人感到某种不安。让我们困惑的乃是有意识的心灵获得的双重角色。一方面，它是舞台，是整个世界过程在其上发生的唯一舞台，或者是包含一切、其外没有任何东西的容器。另一方面，我们又有一种印象，或许是靠不住的印象，即在这个纷乱的世界中，有意识的心灵与某些非常特殊的器官（大脑）紧密联系在一起。大脑虽然无疑是动植物生理学中最有趣的装置，但却不是独一无二的；因为和其他许多东西一样，它们毕竟只是为了维持其主人的生命，它们在通过自然选择而形成物种的过程中被精心制作出来，仅仅是因为这一点。

有的时候，画家或诗人会在他的作品中引入一个不装模作样的次要角色，这个角色就是他自己。因此我认为，《奥德赛》的作者用诗中的盲吟游诗人指代他自己。这位吟游诗人在费埃克斯人的会堂里吟唱特洛伊战争，使这位受到重创的英雄潸然泪下。同样，在《尼伯龙根之歌》中，当尼伯龙根人穿越奥地利的国土时，我们看到出现了一位诗人，据信就是整部史诗的作者。在丢勒（Dürer）那幅《万圣图》（*All-Saints*）中，两圈信徒围拢在高天上的三位一体周围祈祷，上面一圈是圣徒，下面一圈是地

---

① *Man on his Nature*, p. 218.

上的人。如果我没有弄错，后一圈中不仅有国王、皇帝和教皇，还有艺术家本人作为卑微次要人物的很容易被错过的自画像。

对我来说，这似乎是心灵那令人困惑的双重角色的最佳比喻。一方面，心灵是那位产生了整体的艺术家；然而，在业已完成的作品中，它只不过是一个微不足道的附属品罢了，没有它也不会损害整体效果。

如果不使用隐喻，那么不得不说，我们这里面临着一个典型的矛盾，它缘于我们尚未成功地阐明一种可理解的世界观，这种世界观没有使世界图像的创造者即我们自己的心灵从中淡出，或者说在其中没有位置。毕竟，把心灵纳入其中的尝试必然会产生一些荒谬之处。

早些时候，我曾评论过一个事实：出于同样的理由，这个物理的世界图像缺少构成认知主体的所有感觉性质。这个模型是无色、无声和无法触知的。以同样的方式且出于同样的理由，科学的世界缺少或者被剥夺了只有与那个有意识、在沉思、觉知和感受的主体相联系才能有意义的一切东西。我首先指的是道德和审美的那些价值观，即与整个这幕剧的意义和范围有关的任何价值观。所有这些不仅不见诸科学的世界，而且从纯科学的观点来看也无法被有机地纳入进去。如果有人试图将其纳入，那么就像一个孩子给他未曾着色的画本涂上颜色一样，是不会匹配的。因为无论是否愿意，任何旨在进入这个世界模型中的东西总要表现为关于事实的科学断言；这样一来，它便是错误的。

生命本身是宝贵的。"尊重生命"是阿尔伯特·施威策

（Albert Schweitzer）提出的基本道德诫命。自然对生命毫不尊重，仿佛生命是世界上最没有价值的东西。它数以百万计地被产生出来，绝大多数被迅速消灭或成为其他生命的猎物。这正是不断产生新的生命形态的主要方法。"你不可折磨人，不可使人痛苦！"但自然不知这一诫命，它的造物依赖于在无休止的争斗中彼此折磨。

"事物无好坏，只是思维使然。"自然现象本身并无好坏美丑之分。价值正在消失，特别是，意义和目的正在消失。自然并非通过目的行事。如果我们用德文谈及一个生物体对其环境合目的的（zweckmässig）适应，那么我们知道这只是一种方便的说话方式罢了。如果作字面理解，那就错了。我们在自己的世界图像框架中错了。那其中只有因果关联。

最令人痛苦的是，我们所有的科学研究都对整个这幕剧的意义和范围缄口不言。我们看得越认真，它就越显得没有目标和愚蠢。显然，正在进行的这场表演只有相对于正在沉思它的心灵才能获得意义。但对于这种关系，科学的说法明显很荒谬：就好像心灵仅仅是由它正在观看的那幕剧产生出来的一样，当太阳最终冷却下来，地球变成了冰雪荒漠时，心灵将会随着那幕剧一起消失。

请允许我在本章简要谈及那臭名昭著的科学无神论。科学不得不一次次地遭受这种指责，尽管这种指责是不公正的。任何人格神都构不成一个以排除一切人格的东西为代价而被接受的世界模型的一部分。我们知道，当神被人经验到时，这个事件就像直接的感觉或一个人自身的人格一样真实。和感觉或人格一样，神一定不在时空图像之中。我在时间和空间中的各处都找不到神——这正是最诚实的自然主义者所告诉你的。为此，这位自然主义者招致了神的指责，因为在神的教理问答中写道：神是灵。

第五章　科学与宗教

　　科学能否就宗教问题提供信息呢？对于那些曾经困扰过每个人的棘手问题，科学研究的成果是否有助于获得一种合理的令人满意的态度呢？长期以来，我们当中的一些人，尤其是在健康快乐的青年时代，一直对这些问题置之不理；另一些人进入成年之后，则满足于没有答案而放弃了寻找；然而还有一些人，则始终困惑于我们理智的这种不一致性，以及长期流行的迷信所带来的恐惧。我这里所指的问题主要涉及"彼岸世界"、"来生"以及与此相关的一切。请注意，我当然并不试图回答这些问题，我的目标要温和得多，即科学能否对这些问题提供某种信息，或者帮助我们对其进行思考（对许多人来说，这种思考是不可避免的）。

　　首先我要说的是，科学以一种非常原始的方式当然可以，而且已经不费力地做到了这一点。我记得看过一些旧时出版的世界地图，包括地狱、炼狱和天堂，前者被置于深深的地下，后者则高悬天空。这些描绘并不纯粹是寓意式的（比如与后来丢勒那幅著名的《万圣图》有所不同），而只是表明了当时非常流行的一种粗糙信念。今天，没有任何教会要求信徒用这种唯物论的方式来阐释其教义，而且会坚决反对这样一种态度。这种进展肯定得益于我们对地球内部（虽然知之甚少）、火山的本性、大气的组成、太阳系的可能历史以及宇宙和银河系结构的了解。任何有教养的人都不会指望能在我们所研究的那个空间部分的任何区域找到这些教条式的虚构之物，更不要说在研究无法企及的区域；即使相信其实在性，他也只会赋予它们以一种精神地位。我并不是说，对于那些笃信宗教的人来说，这种启蒙必须等到上述科学发现做出之后，但这些科学发现肯定有助于根除对那些事物的唯物论迷信。

然而，这指的是一种相当原始的心灵状态。还有更有趣的一些观点。"我们究竟是谁？""我从哪里来，到哪里去？"对于解决这些令人困惑的问题（或至少是让我们的心灵保持安宁），我认为科学所能做出的最重要贡献或者所能提供的最有价值的帮助是时间的逐渐理想化。在谈到这一点时，我们立刻会想到三个人的名字，即柏拉图、康德和爱因斯坦。尽管还可能想到其他许多人物，包括一些非科学家，比如希波的圣奥古斯丁（St. Augustine of Hippo）和波埃修（Boethius）等。

柏拉图和康德都不是科学家，但他们对哲学问题的热衷和对世界的浓厚兴趣都源于科学。对柏拉图而言是来自数学和几何学（"和"在今天已经不再适用，但我认为在他那个时代则不然）。是什么赋予了柏拉图一生的工作以这种无法超越的鲜明特征，以至于即使在两千多年以后的今天，其光彩仍然没有减少呢？据我们所知，没有任何关于数或几何图形的发现可以归功于他。他对物理学的物质世界和生命的看法有时显得荒诞不经，总体而言要逊于生活在他之前（其中有些人比他早一个多世纪）的另一些人（从泰勒斯到德谟克利特的圣贤）；在对自然的了解方面，他也远不及他的学生亚里斯多德和塞奥弗拉斯特（Theophrastus）。除了他的热心崇拜者，所有人都认为他的对话录中那些冗长的段落是无端的文字诡辩，他似乎并不急于定义一个词的意思，而是相信如果用足够长的时间反复改变表达方式，这个词本身就会展示出它的内容。他曾试图实际推行其社会和政治上的乌托邦思想，但没有成功，且使他陷入了巨大的危险。即使在今天，也很少有人仰慕他的这种思想，这些人和他一样有着悲惨的经历。那么究竟是什么使他如此有名呢？

我认为原因在于，他第一次设想了永恒存在的理念，并且有违理性地强调它是一种实在，认为它比我们的实际经验更真实；他说，我们的实际经验仅仅是永恒存在的理念的影子，我们所有经验到的实在都源于它。这里我所说的是形式论（或理念论）。它是如何起源的呢？毫无疑问，这是因为柏拉图熟悉巴门尼德（Parmenides）和爱利亚派（Eleatics）的学说。但同样显然的是，该学说在柏拉图那里有了一种活力和适意的气质，这很符合柏拉图那个美妙的比喻，即理性学习的本质是回忆曾经拥有但现在潜隐的知识，而不是发现全新的真理。然而，巴门尼德那个永恒不变的无处不在"一"在柏拉图那里变成了一种强大得多的思想，即吸引想象力的理念领域，尽管它必定始终是一个神秘的东西。但我相信，这种思想源于一种非常真实的体验：与之前的毕达哥拉斯学派以及后来的许多人一样，柏拉图惊叹和敬畏于数和几何图形的领域所带来的启示。他认识到这些启示的本质并且将其深深地融入了自己的思想。这些数和几何图形以纯粹的逻辑推理来展开自己，使我们熟悉了正确的关系。其真理性不仅不容置疑，而且显然永远就在那里；无论我们如何研究，这些关系都永远成立。数学真理是永恒的，并不是当我们发现它时才产生。但发现它的确是一个实实在在的事件，那种激动也许就像从仙女那里得到了一份珍贵的礼物。

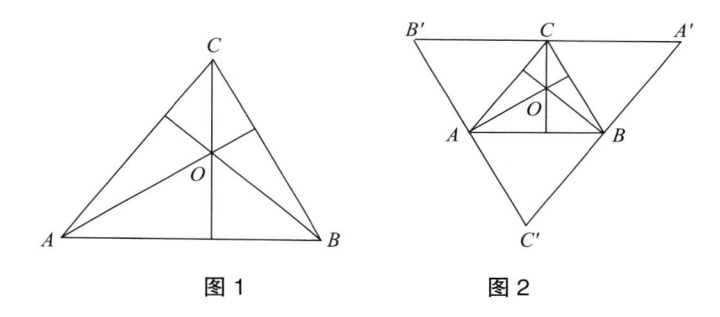

图1

图2

三角形（ABC）的三条高交于一点（O）。（高是指从一个角到其对边或其延长线的垂线。）初看起来，我们看不出它们为何会交于一点；任意三条直线往往并不交于一点，而是通常构成一个三角形。现在，过每个角作对边的平行线，构成一个更大的三角形 A′B′C′。它由四个全等三角形所组成。ABC 的三条高在更大的三角形 A′B′C′ 中是在各边中点所作的垂线，即它们的"对称线"。现在，在 C 所作的垂线必定包含着所有与 A′ 和 B′ 等距的点；在 B 所作的垂线必定包含着所有与 A′ 和 C′ 等距的点。因此，这两条垂线的交点到 A′B′C′ 三个角的距离相等，从而也必定位于在 A 处作的垂线上，因为这条垂线包含着所有与 B′ 和 C′ 等距的点。证毕。

除了 1 和 2，任何整数都在两个质数的"中间"，或者说是

其算术平均；例如，

$$8=\frac{1}{2}(5+11)=\frac{1}{2}(3+13)$$

$$17=\frac{1}{2}(3+31)=\frac{1}{2}(29+5)=\frac{1}{2}(23+11)$$

$$20=\frac{1}{2}(11+29)=\frac{1}{2}(3+37)$$

正如大家所看到的，通常有不止一个解。这个定理被称为哥德巴赫猜想，它被认为是正确的，尽管还没有得到证明。

从 1 开始把连续的奇数相加，便得到 1，1+3=4，1+3+5=9，1+3+5+7=16 等。你总能得到一个平方数，事实上你以这种方式可以得到所有平方数，它们总是你已经相加的奇数数目的平方。为了理解这个关系的一般性，可以把与中间等距的每一对被加数（第一个与最后一个，然后是第二个与倒数第二个，等等）分别替换成其算术平均，后者显然等于被加数的数目；于是上面最后一个例子就成了：

$$4+4+4+4=4\times 4$$

现在让我们转向康德。他把空间和时间加以理念化，这已成为老生常谈。这是其学说中即使不是最基本也是最基本的部分之一。和他的大多数观点一样，这无法被证实也无法被证伪，但人们并不因此而失去对它的兴趣。(恰恰相反，它激起了人们的兴趣；倘若能被证明或否证，它将变得无足轻重。)康德的意思是，在空间中延展和在"先后"的时间秩序中发生，不是我们所感知到的世界的性质，而是属于正在感知的心灵。在目前的情况下，心灵不自觉地按照空间和时间这两个卡片索引把被提供给它的一切事物记录下来。这并不意味着心灵可以独立于任何经验并且在任何经验之先来理解这些秩序框架，而是说，当事情发生时，心灵不自觉地发展了这些秩序框架，并把它们运用于经验。特别是，这个事实并不能证明或表明，空间和时间是内在于某些人认为造成我们经验的"物自体"之中的一个秩序框架。

不难举例证明这是一种花招。没有任何一个人能够区分他的感知领域和引起感知的事物的领域，因为无论他对整个过程的了解有多么详细，这个过程只发生一次而不是两次。这种双重性是一种比喻，主要通过与其他人甚至与动物的交流而暗示出来；这表明，他们在同样情况下的感知似乎与他自己的感知非常相似，尽管在观点上——在"投射点"的字面意义上——有细微差别。但即使这迫使我们认为有一个客观存在的世界是我们感知的起因，就像大多数人所认为的那样，我们究竟如何才能知道，我们所有经验中的一个共同特征是由于我们心灵的构造，而不是所有客观存在的事物所共有的一种性质呢？诚然，我们的感知构成了我们关于事物的唯一知识。这个客观世界无论显得多么自然，都只是一个假说。如果我们真的接受它，那么，将我们的感知在其中发现的一切特征都归于这个外部世界而不是归于我们自身，难道不是最自然的吗？

然而，康德陈述的最重要意义并不只是在"心灵形成一个世界观念"的过程中公正地分配了心灵及其对象——世界——的角色，因为正如我所指出的，很难把二者区分开来。其伟大之处在于形成了这样一种想法，即这一个东西——心灵或世界——可以以我们无法把握且不蕴含空间和时间观念的其他形式显现出来。这意味着从我们根深蒂固的偏见中强行解脱出来。除了时空，也许还存在着其他现象秩序。我认为是叔本华第一次从康德那里读出了这一点。这种解脱为宗教意义上的信念开辟了道路，同时又完全不违背我们关于世界的经验和朴素的思想所明白无误地传递出的清晰结论。例如，说一个具有最重大意义的例子，我们所知的经验无疑迫使我们相信，经验必然会随着身体的毁灭而毁灭，经验与我们的生命密不可分。那么，此生之后是否什么也没有了？不是的。之所以这样说，并不是因为我们所知的经验必然在时间和空间中发生，而是因为在时间不起任何作用的现象秩序中，"之后"这个概念是没有意义的。当然，纯粹的思维无法向我们保证存在着那种东西，但可以移除那些认为它不可能存在的明显障碍。这就是康德通过他的分析所做的事情，在我看来，这是其哲学意义所在。

现在我要在同一语境下谈谈爱因斯坦。康德对待科学的态度难以置信地朴素，如果你看过他的《自然科学的形而上学基础》(*Metaphysische Anfangsgründe der Naturwissenschaft*)，就会同意我的看法。他把物理学在他生前（1724—1804）所达到的形式当成了某种最终的东西，并忙于从哲学上来解释它的陈述。这件事发生在一位伟大的天才身上，对于后来的哲学家应当是一种警示。康德清楚地表明空间必然是无限的，并且坚信正是人的心灵赋予了空间以欧几里得（Euclid）所总结的几何属性。在这个欧几里得空间中，物质如软体动物一般运动着，即随时间而改变着自己的构形。对康德而言，就像对他那个时期的任何物理学家一样，空间和时间是两个完全不同的概念，因此他毫无疑虑地称空间为我们的外直观形式，称时间为我们的内直观形式。然而，欧几里得的无限空间并不是观察我们经验世界的必然方式，最好是把空间和时间看成一个四维连续体，这种认识似乎动摇了康德的基础——但实际上并未损害他哲学中更有价值的那个部分。

这种认识要归功于爱因斯坦（以及洛仑兹［H. A. Lorentz］、庞加莱［Poincaré］、闵可夫斯基［Minkowski］等其他几个人）。他们的发现对哲学家和普通人产生了巨大的影响，因为他们强调了这种认识的意义：即使在我们的经验领域，时空关系也远比康德设想的复杂得多，也比以前的所有物理学家和普通人设想的复杂得多。

这个新观点对以前的时间概念产生了最重要的影响。时间一直被认为是一个"先后"概念。而新的看法主要是从以下两点发展而来的。

（1）"先后"概念基于"因果"关系。我们知道或至少已经形成了一种想法，即如果一个事件 A 会引发另一个事件 B 或至少可以改变事件 B，那么若 A 不发生，则 B 也不发生，至少是不发生改变。例如，一颗炮弹爆炸时，坐在它上面的人会被炸死；人在远处还会听到爆炸声。人被炸死也许与爆炸同时发生，远处听到爆炸声会稍晚一些；但这些结果都不会发生在炮弹爆炸之前。这是一个基本观念。事实上，在日常生活中，我们也据此来判断两个事件中哪一个后发生，或至少不是先发生。这种区分完全基于结果不能先于原因这一观念。如果有理由认为 B 是由 A 引起的，或至少显示出 A 的痕迹，或（通过旁证）可以设想它显示出 A 的痕迹，那么 B 的发生被认为肯定不能比 A 早。

（2）第二个根源是这样一个实验的和观察的证据，即结果不会以任意高的速度传播。存在着一个上限，正好就是光在真空中传播的速度。从人的尺度来看，这个速度非常高，每秒钟可绕赤道七次。光速虽然很高，但并不是无限的，让我们称它为 c。如果我们都同意这是一个基本的自然事实，那么上述基于因果关系的"先后"或"早晚"的区分就不再是普遍适用的，而是在某些情况下会被打破。用非数学的语言很难把这一点解释清楚。这并不是因为数学结构太过复杂，而是因为日常语言中充斥着时间概念——如果不使用某种时态，你是无法使用动词的。

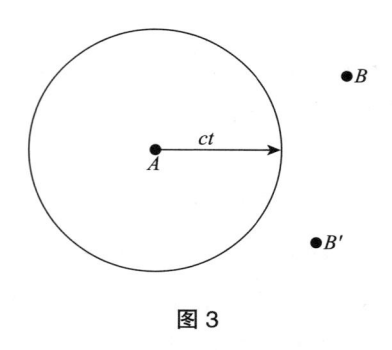

图 3

最简单但并非完全恰当的考虑是下面这样的。给定一个事件 A。事件 B 发生在 A 之后，并且位于以 A 为圆心、ct 为半径的圆之外。于是，B 无法显示出 A 的任何"痕迹"；当然，A 也无法显示出 B 的任何"痕迹"。于是，我们的标准被打破了。诚然，通过我们所使用的语言，我们已经把 B 称为"后"。但既然无论 A 先还是 B 先，标准都无法成立，我们这样说还正确吗？

想象在一个较早的时间（t）有一个事件 B′ 在同一个圆之外。在这种情况下，和以前一样，B′ 的任何痕迹也到不了 A（当然，B′ 也无法显示 A 的任何痕迹）。

因此在这两种情况下，都存在着同一种关系，即互不影响。就与 A 的因果关系而言，B 与 B′ 并无概念上的差别。如果我们想把这种关系而不是一种语言上的偏见作为"先后"的基础，那么 B 和 B′ 就构成了一类既不先于也不后于 A 的事件。这类事件所占据的时空区域被称为（相对于事件 A 的）"潜在同时性"区域。之所以使用这一表述，是因为总可以采用一个时空框架，使 A 与一个选定的特殊的 B 或 B′ 同时发生。这就是爱因斯坦在 1905 年的发现，被称为"狭义相对论"。

对我们物理学家来说，这些结果如今已成为非常具体而现实的东西。我们在日常工作中使用它们，就像使用乘法表或毕达哥拉斯的直角三角形定理一样。我有时会感到好奇，为什么它们会在普通大众和哲学家中引起如此巨大的轰动呢。我想这是因为，它意味着废黜了像暴君一样从外部强加于我们的时间，使我们从无法打破的"先后"规则中解放出来。因为时间的确是我们最严厉的主人，如摩西五经所说，时间公然把我们每个人的生存限制在七八十年内。现在被允许摆弄这样一位主人此前被认为不容置疑的计划，哪怕只是微小的摆弄，似乎也是一种莫大的安慰。它似乎鼓励了这样一种思想，即整个"时间表"也许并不像它初看起来那么严格。这种思想是一种宗教思想（a religious thought），我甚至应把它称为最具宗教性的思想（the religious thought）。

爱因斯坦并不像我们有时听说的那样，证明康德关于空间和时间理念化的深刻思想是谎言；恰恰相反，他朝着这种思想的实现迈出了一大步。

我已经谈到柏拉图、康德和爱因斯坦对哲学观和宗教观的影响。现在，在康德和爱因斯坦之间，大约比爱因斯坦早一代，物理学上发生了一次重大事件，它本可以至少和相对论一样激起哲学家和普通人的思想，即使没有相对论影响大。但这并没有发生。我想原因在于，这种思想比相对论更难理解，几乎没有人能够理解它，最多只能被某个哲学家所把握。这个事件与美国人威拉德·吉布斯（Willard Gibbs）和奥地利人路德维希·玻耳兹曼（Ludwig Boltzmann）联系在一起。下面我就来简单谈谈。

除了很少几个例外（它们的确是例外），自然之中的事件进程是不可逆的。如果我们尝试设想一个现象的时序与实际观察到的截然相反，就像电影院里倒着放映电影胶片一样，那么虽然很容易设想这样一种逆序，但它几乎总会与业已确立的物理学定律有显著矛盾。

所有事件总的"方向性"可以通过热的力学理论或统计理论来解释，这种解释被恰当地誉为该理论最令人钦佩的成就。这里我无法进入这种理论的细节，它对于领会这种解释的要点也没有必要。倘若只把不可逆性当成原子和分子的微观机制的一个基本属性，那是根本不够的。它不会比"火是热的，因为它有热的性质"这类中世纪的纯语词解释强到哪去。根据玻耳兹曼的说法，任何有秩序的状态都有一种朝着不那么有序的状态自行变化的自然倾向，但反过来则不然。比如仔细排好一副扑克牌，使它从红桃7，8，9，10，杰克、王后、国王、A开始，然后方片也按同样的顺序排好，其他花色以此类推。如果把这副排好的扑克洗一次、两次或三次，其顺序将逐渐被打乱。但这并不是洗牌过程的一个固有属性。可以将一副打乱顺序的牌重新再洗，我们完全可以设想它能正好消除第一次洗牌的影响，使扑克恢复原有的顺序。但每个人都会期待出现的是前一种结果，没有人会期待第二种。事实上，他也许要等待很长时间，才会看到这种情况偶然发生。

这就是玻耳兹曼对自然之中发生的所有事件（当然，这包括生命体从生到死的生命史）的单向性所作解释的要点。其优点是，（爱丁顿所谓的）"时间箭头"并没有进入相互作用的机制（在我们的比喻中即机械的洗牌操作）。迄今为止，这种操作、这种机制还缺少任何过去与未来的概念，它本身是完全可逆的。"箭头"，即过去与未来的概念本身，源自统计的考虑。在我们的洗牌比喻中，要点是，扑克牌排好的顺序只有一种或少数几种，但混乱的顺序却多得数不清。

但这个理论一再遭到反对，有时是被非常聪明的人反对。反对意见可以归结为，据说该理论基于逻辑理由是不可靠的。因为如果基本机制无法区分时间的两个方向，而是在这方面完全对称，那么由它们的协作如何产生一种明显偏向于一个方向的整体行为呢？对一个方向成立的东西，对相反的方向也必须成立。

如果以上论证可靠，它似乎就是致命的，因为它所针对的正是被视为该理论的主要优点：从可逆的基本机制中导出不可逆的事件。

这个论证完全可靠，但并不致命。它断言，对时间的一个方向成立的东西，对时间的相反方向也成立，因为从一开始这就作为一个完全对称的变量被引入进来。这是可靠的，但并不能由此得出结论说，它对于两个方向都一般地成立。我们必须以最谨慎的方式说，在某一特殊情况下，它对这个方向或另一个方向成立。此外还必须补充一句：在我们所认识的这个特殊世界中，"耗散"（用一个有时采用的词来说）只发生在一个方向，我们称之为从过去到未来的方向。换句话说，必须允许热的统计理论凭借自己的定义来自行决定时间流逝的方向。（这对物理学家的方法论产生了重大影响，他绝不能引入任何可以独立决定时间箭头的东西，否则玻耳兹曼的这座美丽大厦就会倒塌。）

我们也许会担心，在不同的物理系统中，对时间的统计定义也许并不总能导出相同的时间方向。玻耳兹曼大胆面对了这样一种可能性；他坚持说，如果宇宙延伸得足够远，并且/或者存在得足够长，那么在世界的一些遥远的地方，时间也许实际是沿相反方向流动的。这个观点被争论过，但几乎不值得进一步争论下去。玻耳兹曼当时并不知道对我们来说极为可能的情况，即我们所认识的宇宙既不足够大，也不足够古老，因此无法产生大尺度上的这种倒转。请允许我再补充一点而不作详细解释，即在非常小的时间和空间尺度上，这种倒转已经观察到了（布朗运动，斯莫卢霍夫斯基［Smoluchowski］）。

在我看来，"时间的统计理论"对时间哲学的影响比相对论更大。相对论无论多么具有革命性，并没有触及时间的单向流动，后者乃是相对论所预设的，而统计理论却是由事件的顺序来建立它的。这意味着从时间这个古老暴君的专制统治下解放了出来。因此我觉得，我们在自己心灵中所构建的东西不会对我们的心灵有专制力量，无论是使心灵处于显要地位，还是把它消灭。但我相信，你们当中的一些人会把这称为神秘主义。好在物理学理论在任何时候都是相对的，因为它依赖于某些基本假设，我们也许可以断言，现阶段的物理学理论已经强有力地表明，心灵不可能被时间摧毁。

第六章　感觉性质的奥秘

在最后一章，我希望能更加详细地证明在德谟克利特的一个著名残篇中已经注意到的非常奇怪的事态：一方面，我们对周围世界的一切知识，无论是从日常生活中获得的，还是通过精心设计的艰苦实验而揭示的，都完全依赖于直接感知；另一方面，这种知识未能揭示感知与外部世界的关系，以至于建立在科学发现基础上的我们关于外部世界的图像或模型中没有任何感觉性质。因此我认为，虽然每个人都很容易承认这一陈述的前一个部分，但也许并不经常意识到第二部分，这只是因为非科学家往往非常敬畏科学，相信我们科学家能够凭借"极为精致的方法"查明那些可能本身永远无法被人查明的东西。

如果问一位物理学家黄光是什么，他会告诉你，黄光是波长在590纳米附近的横向电磁波。如果接着问他，黄色来自何处？他会说：在我看来根本没有黄色，而只有这些振动，当它们撞击健康眼睛的视网膜时，就会使观看者产生黄色的感觉。如果继续追问下去，他也许会说，不同的波长会产生不同的色感，但只有那些介于800纳米到400纳米的波长才会产生色感，其他波长则不会。对物理学家来说，红外波（大于800纳米）和紫外波（小于400纳米）与人眼所能感受到的800纳米到400纳米区域内的波是基本上同一类型的现象。这一特定选择是如何产生的呢？它显然是对太阳辐射的一种适应，太阳辐射在波长的这个区域内最强，在两端则逐渐减弱。此外，眼睛感受到的最明亮的色感是黄色，这个真正的峰值正好位于太阳辐射达到最大的那个位置（在所说的区域内）。

我们可能会进一步追问：是否只有波长在590纳米附近的辐射才能产生黄色的感觉？答案是绝非如此。如果说760纳米的波本身能产生红色的感觉，535纳米的波本身能产生绿色的感觉，那么将两者按照一定的比例混合之后就会产生一种黄色，它与590纳米的波所产生的黄色在感觉上是无法区分的。分别由混合光和单色光所照亮的两个相邻区域看起来完全相同，无法彼此区别。这能否通过波长来预言色觉呢？也就是说，色觉是否与波的这些客观的物理特性有某种数值联系呢？答案是没有。当然，所有这类混合波的图都是通过实验绘制的，它被称为色三角形，但它并不仅仅与波长有关。并没有什么一般规则表明，将两种谱色的光混合起来必定会产生一种波长介于其中的光；例如，将光谱两端的"红色"和"蓝色"混合起来所产生的"紫色"并不是由任何单一谱色的光产生的。不仅如此，前面所说的图或色三角形是因人而略有差异的，那些异常三色视者（并非色盲）的感觉与常人则有相当大的差异。

物理学家关于光波的客观图像无法解释色感。倘若生理学家对视网膜中的过程及其在视神经簇和大脑中引发的神经过程有更完整的了解，那么他能对此做出解释吗？我并不这样认为。我们最多可以客观地了解哪些神经纤维以何种比例被激发，甚至可以精确地知道它们在特定脑细胞中产生的过程——只要你的心灵记录下沿某个特定方向或视觉场中的黄色感觉。但即便是如此细致的了解，也无法告诉我们色感或沿这一方向的黄色感觉是如何产生的。可以设想，同样的生理学过程也能产生甜味或其他任何感觉。我想说的是，也许可以确信，对任何神经过程的客观描述都不可能包含"黄色"或"甜味"等特性，就像对电磁波的客观描述不可能包含这些特性一样。

对于其他感觉也是一样。将我们刚才探讨的色感与听觉作一比较是非常有趣的。声音在正常情况下是通过在空气中传播的膨胀与收缩的弹性波传到我们耳朵里的。它们的波长，或者更准确地说是它们的频率，决定了我们听到的音高。（请注意，与生理学相关的是频率而不是波长，在光的情况下也一样，但就光而言，频率和波长实际上恰好互为倒数，因为光在真空和空气中的传播速度并无明显不同。）不用说，"可以听到的声音"的频率范围与"可见光"的频率范围有很大差异，可以听到的声音的频率范围是从每秒12或16次到每秒20000到30000次，而光的频率范围则在几千亿次的量级。但声音的相对范围要宽得多，包括大约十个八度（对于"可见光"来说几乎还不到一个八度）；不仅如此，它还因人而异，特别是随着年龄而变化：上限通常随着年龄的增长而明显减小。但关于声音最显著的事实是，几个不同的频率混合起来之后，永远合成不出由一个中间频率所能产生的音高。在很大程度上，所叠加的音高是被分别（尽管是同时）感受到的，尤其是被那些乐感很强的人。将具有不同性质和强度的许多更高的音（泛音）混合起来，会产生所谓的音色

（Klangfarbe）。即使只听到一个音，我们也能凭借音色来学会区分小提琴、军号、教堂钟声和钢琴等。但即使是噪音也有自己的音色，由此我们可以推断出正在发生的事情。就连我的狗也很熟悉开启某个小铁盒的特殊噪音，我们有时会从中取饼干给它吃。在所有这些当中，协作频率之比是最重要的。如果它们都以同样的比率发生变化，比如把留声机唱片播放得过快或过慢，你仍然可以辨认出它的曲调。但一些相关的区分依赖于某些分量的绝对频率。如果将一张包含人声的留声机唱片播放得过快，那么元音就会发生明显变化，特别是，比如"car"中的"a"就会变成"care"中的"a"。连续频率范围的音总是不悦耳的，无论是有先后顺序，比如一个警报器或一只尖叫的猫发出的声音，还是同时发出的。同时发声很难做到，除非让许多警报器一起响，或者让很多猫一起叫。这又与光感的情况完全相同。我们通常感觉到的所有颜色都是通过连续混合而产生的。在一幅画中或在大自然中，连续的色彩变化有时非常美。

我们对听觉的主要特征已经有深入的了解，这缘于对耳朵构造的认识，这种认识要比我们对视网膜化学的认识更为充分可靠。耳朵的主要器官是耳蜗，这是一条卷曲的骨管道，类似于某种海蜗牛的壳：它像一条细小的盘旋楼梯，越向上越窄。在台阶处（继续我们的比喻），弹性纤维沿着盘旋的楼梯伸展，形成耳膜。耳膜的宽度（或每根纤维的长度）从"底部"向"顶部"逐渐减小。因此，就像竖琴或钢琴的琴弦，不同长度的纤维会对不同频率的振动做出机械反应。对于某个确定的频率，耳膜的某个小区域——不仅仅是一根纤维——做出反应；而对于一个更高的频率,纤维较短的耳膜的另一个区域做出反应。特定频率的机械振动在每一根神经纤维中都产生了我们所熟知的传到大脑皮层特定区域的神经冲动。我们一般地认识到,传导过程在所有神经中都是相同的,其变化只与刺激强度有关;刺激强度会影响神经冲动的频率。当然,不能把神经冲动的频率与我们这里的声音频率相混淆,这两者之间没有任何关系。

但实际的图像并不像我们希望的那样简单。如果让一位物理学家来设计耳朵,以使人有能力极为精细地辨别音高和音色,那么他也许会设计得完全不同。但他也可能回到耳朵现在的样子。假如穿过耳蜗的每根"弦"只对进来的振动的某个清晰界定的频率做出反应,那么这一切将会简便美妙得多。但事实并非如此。为什么呢?因为这些"弦"的振动被大大减弱了,这必然拓宽了其共鸣的范围。我们的物理学家本可以尽可能地设法减少阻尼,但这又会导致一个糟的后果:当产生声音的声波停止时,我们对声音的感觉不会立即停止,而是会持续一段时间,直到耳蜗中那个被减弱的共鸣器停止活动。对音高的分辨是以牺牲对随后声音的及时辨别而获得的。令人困惑的是,我们耳朵的实际构造如何能将二者完美地协调起来。

我这里讨论了一些细节,是为了让大家感到,无论是物理学家的描述,还是生理学家的描述,都不包含听觉的任何特征。任何这类描述都必定以类似这样一句话结束:那些神经冲动被传导到大脑的某个部分,在那里作为一连串声音被记录下来。当空气中的压力变化使耳鼓产生振动时,我们可以追随这些变化,看到耳鼓的运动是如何通过一连串细小的骨头被传到另一层膜,

第六章 感觉性质的奥秘

并且最终被传到由长度各异的纤维所组成的上述耳蜗内膜的。我们可以理解,这样一根振动纤维如何在它所接触的神经纤维中产生了电化学传导过程。我们可以循着这种传导到达大脑皮层,甚至对那里发生的一些事情有某种客观了解。但我们在任何地方都碰不到所谓的"作为声音被记录下来"。它根本没有包括在我们的科学图像中,而只存在于我们正在谈论其耳朵和大脑的那个人的心灵中。

我们可以以类似的方式讨论触觉、冷热、嗅觉和味觉。后两种虽然有时被称为化学感官(嗅觉可检测气体物质,味觉则可检测液体物质),但与视觉有共同之处,即会以有限种感觉性质来回应无穷多种可能的刺激。就味觉而言是苦、甜、酸、咸及其特定的混合,而嗅觉,我认为要比味觉种类更多,特别是,某些动物的嗅觉远比人灵敏得多。物理刺激或化学刺激的哪些客观特性明显改变了感觉,这在动物界似乎有很大差异。例如,蜜蜂的色觉可以一直达到紫外线,它们是真正的三色视者(而不是没有注意到紫外线的早期实验所认为的双色视者)。很有意思的是,正如不久前冯·弗里施(von Frisch)在慕尼黑所发现的,蜜蜂对光的偏振的踪迹特别敏感,这帮助它们以一种极为精确的方式判断太阳的方向。即使是完全偏振的光,人也无法将它与普通的非偏振光区分开来。人们发现,蝙蝠对极高频率的振动("超声波")的敏感性远远超出了人类听觉范围的上限;它们自己发出超声波,把它用做某种"雷达"来帮助避开障碍。人对冷热的感觉显示出"两极相同"的奇怪特征:如果我们无意中触碰到一个非常冷的物体,我们会瞬间觉得它很热,并认为手指受到了灼伤。

　　大约二三十年前，美国的化学家们发现了一种奇特的化合物，是一种白色粉末。我忘记了它的化学名称。有些人觉得它没有味道，另一些人觉得它很苦。这个事实引起了人们极大的兴趣，自那以后得到了广泛研究。身为一个（尝这种特殊物质的）"试味员"的性质内在于个体之中，而与其他条件无关。此外，这种性质的遗传遵循着孟德尔定律，与血型特征的遗传类似。和后者一样，身为"试味员"或"非试味员"似乎并不蕴含任何可以设想的优势或劣势。我相信，试味员拥有杂合子中两个"等位基因"中的显性基因。在我看来，这种偶然发现的物质极不可能是独一无二的。"味道不同"很可能是非常普遍的，而且是在非常真实的意义上！

　　现在让我们回到光，更深入地讨论光的产生方式以及物理学家是如何认识其客观特性的。到目前为止，人们普遍认为，光通常是由电子产生的，特别是由那些在原子核周围"做某种事情"的电子。电子非红、非蓝也非其他颜色，氢原子的原子核即质子也是如此。但是根据物理学家的说法，氢原子中的质子与电子相结合会产生一连串分立波长的电磁辐射。这种辐射的同质成分在被棱镜或光栅分离时，经由某些生理过程会在观察者中激起红、绿、蓝、紫的感觉。我们对这些生理过程的一般特征已经非常了解，因此可以断言，它们非红、非绿也非蓝，事实上，相关的神经要素并不因为被刺激而显示出颜色；就个体伴随着刺激而产生的色感而言，神经细胞（无论是否受到刺激）显示出的白色或灰色肯定是无足轻重的。

第六章 感觉性质的奥秘

然而，我们对氢原子辐射和对这种辐射的客观物理性质的认识，源自对发光氢蒸汽光谱中某些位置上的有色谱线的观察。这使我们获得了初步的知识，但绝不是完备的知识。为了获得完备的知识，必须开始消除感觉，在这个典型的例子中是值得继续下去的。颜色本身并不能告诉你关于波长的任何东西；事实上，我们此前就认识到，例如，如果我们不知道分光镜排除了下面一点的可能性的话，可以设想一条黄色的光谱线也许不是物理学家意义上的"单色"，而是由许多不同的波长构成的。分光镜将特定波长的光聚集在光谱中的特定位置上。无论源自何处，在那里出现的光总是具有同样的颜色。即使是这样，色感的性质仍然无法给出任何直接的线索来推断光的物理性质和波长，而且，我们对颜色相对较差的辨别能力也不会令物理学家满意。事实上，可以反过来先验地设想，蓝色的感觉是由长波所激起，红色是由短波所激起。

为了彻底认识来自任何光源的光的物理性质，就必须使用一种特殊的分光镜——衍射光栅——将光分解。棱镜是不管用的，因为你预先不知道它将不同波长的光折射到什么角度。这些角度因棱镜材料的不同而不同。事实上，你用棱镜甚至无法先验地判断出实际情况，即波长越短，辐射的偏折越强。

衍射光栅的原理远比棱镜简单。如果你已经测量出每英寸光栅所包含的等距沟槽的数目（通常是几千或几万数量级），那么由光的基本物理假定——光是一种波动现象——就可以推断出特定波长的偏折的精确角度。因此反过来，由"光栅常数"和偏折角度就可以推断出波长。在某些情况下（特别是在塞曼效应和斯塔克效应中），一些谱线发生了偏振。人眼对此完全感觉不到，要想完成对它的物理描述，可以在分解光束之前，在光束的路径上放一个偏振仪（尼科尔棱镜）。绕轴慢慢转动这个尼科尔棱镜，转到某些方向时，一些谱线会消失或亮度减至最弱。这就是完全偏振或部分偏振的方向（与光束正交）。

一旦整个技术发展起来，就可以把它拓展到远远超出可见光的范围。发光蒸汽的谱线绝不限于可见区域，它们无法用肉眼来区分。这些谱线构成了理论上无限的长长的序列。每一个序列的波长都由一个专属于它的相对简单的数学定律联系起来。该数学定律统一地适用于整个序列，不论序列有哪一部分碰巧处于可见区域。这些序列定律首先是通过经验发现的，但现在已经得到了理论上的理解。显然，在可见区域之外，必须用一张照相底片来取代人眼。波长可以通过单纯地测量长度推断出来：首先测量光栅常数，即相邻沟槽的间距（每单位长度沟槽数目的倒数），然后测量谱线在照相底片上的位置，经由这些测量结果连同已知的仪器尺寸，便可计算出偏折的角度。

这些都是众所周知的，但我想强调具有一般意义的两点，它们适用于几乎所有物理测量。

我在这里详述的事态经常被描述成：随着测量技术的改进，观察者逐渐被越来越精密的仪器所取代。但就目前的例子而言，事实并非如此；观察者不是逐渐被取代，而是从一开始就被取代了。我已经尝试说明，观察者对颜色的感觉无法为光的物理本性提供任何线索。在获得关于光的客观物理本性及其物理组分的哪怕最粗浅的认识之前，必须先引入光栅和测量某些长度角度的仪器。这是重要的一步。虽然仪器后来会逐渐被改进，但只要本质上始终保持不变，无论改进有多大，这在认识论上都是不重要的。

　　第二点是，观察者永远不会被仪器完全取代；因为如果观察者可以被完全取代，那么他显然无法获得任何知识。他必定已经制作出了仪器，无论在制作过程中还是在制作完成之后，他都必定已经认真测量了仪器的尺寸，并且检查了它可移动的部分（比如一个围绕锥销旋转且沿着圆形角度盘滑动的支撑臂），以确认其运动正是我们所希望的。诚然，对于其中一些测量和检测，物理学家需要仰赖生产和递送该仪器的工厂，但所有这些信息最终都要回到某个人或某些人的感觉那里，无论已经使用了多少精巧的装置来方便这项工作。最后，在用仪器进行研究时，观察者必须从仪器上读取数据，无论直接读取的是在显微镜下测量出的角度或距离，还是在照相底片上记录下来的谱线之间的角度或距离。许多有益的装置可以使这项工作变得更加便利，比如对整个透明底片进行光度记录，从而给出一张放大的图像，使人可以轻易读取谱线的位置。但无论如何，它们必须被读取！观察者的感官最终还是要介入。倘若不经人检查，即使是最认真的记录也告诉不了我们任何东西。

　　于是我们又回到了这个奇怪的事态。虽然对现象的直接感觉无法就其客观的物理本性告诉我们任何东西，感觉作为信息的来源从一开始就要被抛弃，但我们最终获得的理论图像完全依赖于错综复杂的各种信息，而所有信息又都是通过直接的感觉而获得的。我们的理论图像建立在这些感觉的基础上，由它们合成出来，但实际上并不能说包含了这些感觉。在使用这幅图像时，我们通常会忘记这些感觉，只是非常一般地知道，我们关于光波的观念并不是突发奇想、偶然发明出来的，而是建立在实验的基础上。

我惊讶地发现，伟大的德谟克利特早在公元前 5 世纪就已经清楚地理解了这种事态，虽然他对与我所说的物理测量仪器（这是我们这个时代所使用的最简单的）有些微类似之处的任何仪器都一无所知。

盖伦（Galenus）为我们保存了一个残篇（Diels, fr. 125），德谟克利特在其中介绍了理智与感官就什么是"真实的"展开了一场争论。理智说："从表面上看，有颜色，有甜味，有苦味，它们实际上只是原子和虚空。"对此感官反驳说："可怜的理智，你难道希望从我们这里借去证据来击败我们吗？你的胜利就是你的失败。"

在这一章中，我试图通过取自最谦卑的科学即物理学中的一些简单例子来对比两个一般事实：(a) 所有科学知识都以感觉为基础；(b) 然而，由此形成的关于自然过程的科学观点缺少一切感觉性质，因此无法解释感觉性质。请允许我作一个一般性的总结。

科学理论使得对我们观察和实验发现的考察变得更方便。每一位科学家都知道，记忆一组组事实是多么困难，至少是在关于它们的某种原始理论图像建立之前。难怪在一种较为融贯的理论形成之后，原始论文的作者并不描述他们业已发现的纯粹事实，教科书的作者也不愿意将它们介绍给读者，而是将它们隐藏在理论的术语里。当然，这里我绝不是要责备这些作者。这种程序虽对我们有序地记忆事实有效，但容易遮蔽实际观察与通过观察而形成的理论之间的区别。由于实际观察总是具有某种感觉性质，所以理论很容易被认为可以解释感觉性质；而事实上，理论永远也做不到这一点。

译后记

《生命是什么？》是20世纪最有影响的科学经典著作之一，其作者奥地利物理学家埃尔温·薛定谔（1887—1961）是量子力学的奠基人之一，曾于1933年获得诺贝尔物理学奖。该书源于薛定谔1943年2月在都柏林三一学院所作的演讲，1944年由剑桥大学出版社出版，其副标题为"活细胞的物理观"，后多次再版和重印。

在德裔美籍生物物理学家马克斯·德尔布吕克（Max Delbrück，1906—1981）和美国遗传学家赫尔曼·约瑟夫·穆勒（Hermann Joseph Muller，1890—1967）等人研究成果的基础上，《生命是什么？》以纯物理的观念对生物体遗传现象的本质进行了简要探讨并提出了一些深刻观点，例如遗传物质是"非周期性晶体"，遗传现象的稳定性源自遗传物质的量子稳定性，生命依赖"负熵"为生，等等。这些思想对DNA双螺旋结构的发现者沃森和克里克等后来的研究者产生了很大影响。虽然从现在的观点来看，书中有些观念并非完全正确或完善，例如，就遗传现象来说，后世发展的分子遗传学的研究表明，遗传稳定性远不是量子稳定性所能解释的，一些全新的机制（如表观遗传）已经完全超出了薛定谔当年的设想。不过，考虑到生命现象的极端复杂性，迄今为止人们对于生命现象的认识仍然处于"盲人摸象"的水平，因此上述种种并不有损于本书的意义。实际上，如果坚持从还原论的角度来研究生命现象，那么本书的思维模式（尤其是提问的方式）无疑是这方面的典范。

本书还按照剑桥大学出版社 1967 年以后的合订本，翻译了薛定谔 1956 年 10 月在剑桥大学三一学院所作的另一篇著名演讲《心灵与物质》。在这篇演讲中，薛定谔探讨了意识在生命演化中占据着什么位置，以及人的心灵发展在道德问题中扮演着什么角色。人的心灵在科学的世界图像中没有位置，这是整个西方近代科学兴起以来所面临的根本问题。薛定谔结合东西方的古代哲学思想对此做出了尝试性的回答，大胆新颖且颇具启发性。

由于不是用母语写作，薛定谔使用的英语经常很不规范，给翻译造成了极大困难，这也是他的著作读起来不够流畅的原因。译者虽已尽力，但文中问题肯定不少，希望读者不吝指正。

译　者

2019 年 5 月 20 日

清华大学科学史系

图书在版编目(CIP)数据

生命是什么?:活细胞的物理观:外一种:心灵与物质 /(奥)薛定谔著;张卜天译. ——北京:商务印书馆,2020
 ISBN 978-7-100-18767-1

Ⅰ.①生… Ⅱ.①薛…②张… Ⅲ.①生命科学—研究 Ⅳ.①Q1-0

中国版本图书馆 CIP 数据核字(2020)第 126257 号

权利保留,侵权必究。

生命是什么?
活细胞的物理观
(外一种:心灵与物质)
〔奥〕薛定谔 著
张卜天 译

商务印书馆出版
(北京王府井大街36号 邮政编码100710)
商务印书馆发行
北京市十月印刷有限公司印刷
ISBN 978-7-100-18767-1

2020年8月第1版　　　开本 880×1230 1/32
2020年8月北京第1次印刷　印张 6　插页 2
定价:39.00元